测井数据质量探索

[法]菲利普·雷斯 著

刘舒杰 周 强 等译

石油工业出版社

内 容 提 要

本书从测井的原理及作用出发，通过对测井数据产生误差和不确定性的原因、采集的复杂性、组成、用途等内容分析，阐述测井数据的采集重要性及改进方法。

本书适合测井、钻井工作人员及大专院校相关师生参考使用。

图书在版编目（CIP）数据

测井数据质量探索／（法）菲利普·雷斯（Philippe Theys）著；刘舒杰等译. — 北京：石油工业出版社，2019.6

ISBN 978-7-5183-3454-4

Ⅰ.①测… Ⅱ.①菲… ②刘… Ⅲ.①测井数据–质量管理–研究 Ⅳ.①P631.8

中国版本图书馆 CIP 数据核字（2019）第 108651 号

Quest for Quality Data

by Philippe Theys

ⓒ Editions Technip, Paris, 2011. All Rights Reserved

Authorised Translation from French language edition published by Editions Technip.

本书经法国 Editions Technip 授权石油工业出版社有限公司翻译出版。版权所有，侵权必究。

北京市版权局著作权合同登记号：01-2013-4209

Recherche et production du petrole et du gaz：Reserves, couts, contrats

Centre économie et gestion de l'Ecole du pétrole et des moteurs

Tous droits de traduction, de reproduction et d'adaptation reserves pour tous pays

Toute representation, reproduction integrale ou partielle faite par quelque procede que ce soit, sans le consentement de l'auteur ou de ses ayants cause, est illicite et constitue une contrefacon sanctionnee par les articles 425 et suivants du code penal.

Par ailleurs, la loi du 11 mars 1957 interdit formellement les copies ou les reproductions destinees a une utilization collective.

出版发行：石油工业出版社

（北京安定门外安华里 2 区 1 号　100011）

网　　址：www. petropub. com

编辑部：（010）64523736

图书营销中心：（010）64523633

经　　销：全国新华书店

印　　刷：北京中石油彩色印刷有限责任公司

2019 年 6 月第 1 版　2019 年 6 月第 1 次印刷

787×1092 毫米　开本：1/16　印张：12

字数：300 千字

定价：100.00 元

（如发现印装质量问题，我社图书营销中心负责调换）

《测井数据质量探索》 翻译人员名单

刘舒杰　周　强　公　博　李　虎　李　婧

李胜辉　彭　耀　徐赤诚　周晓贤

中文版序一

上个月，老同学周强博士给我介绍了一本由美国休斯敦的几位华人学者联合翻译的测井专业著作《测井数据质量探索》，准备在石油工业出版社出版，嘱托我给写一个序。在己亥猪年即将到来的这几天，我终于有工夫拜读这本大作的翻译稿。不想，我一下子完全被吸引，仅用了3天时间就看完全书，深深感觉到，在如今信息科学大发展的背景下去讨论去研究去推广本书的理念、理论和技术方法，不仅对测井行业，甚至对整个石油工业都具有非常重要的意义。

石油工业最重要的资产是储量，而储量的本质是反映油气藏特征的数据。数据来源于对油气藏的测量（其中测井数据是油气藏测量的最重要方式）以及依据测量数据的各种各样的推演结果，因此测量的数据是基础。那么，测量数据（比如测井数据）就是油气藏的地层数据吗？怎样科学地理解测井数据？怎样科学地获取更接近于地层的数据？怎样科学地评价测井数据的真实性？怎样科学地使用测井数据？这就是本书阐述的核心问题，也是一个科学和技术问题，从某种角度看亦是人品问题。本书对此问题做出了深入浅出的分析，使我们从一个全新的角度了解到了以测井数据为代表的石油工业测量数据的重要属性和重要作用。

重视数据的真实性、理解测量数据产生误差的绝对性和减少误差的相对性、尽量减少数据采集过程中的误差、尽量避免数据应用过程中的误差累计是技术人员的责任。作为测井数据采集者的测井公司有这种责任，作为测井数据使用者的油公司也有这种责任。即使我们已经处于大数据时代，即使我们即将进入智能化时代，那种以统计学为基础的未来信息化、智能化工业之路依然依托于高质量的数据样本。就数据而言，无论处理方法多么高大上，应用领域多么吸引人，只有进去的不是垃圾，出来的才能是有用的产品。

正因如此，我认为，没有数据，特别是没有高质量的数据，油气田就很难有美好的未来。虽然这是一本从测井专业谈数据管理和数据质量控制的专业书，但我认为，从事油气上游业务的技术人员和决策者都应该认真地阅读本书，并能从中看到我们的不足。测井公司在生产经营活动中把数据质量放在第一位了吗？为提升测井数据质量竭尽全力了吗？油公司为测井采集准备好了井眼环境和钻井液环境了吗？作为油公司最有测井支配力的地质家、勘探家和开发专家意识到测井数据的配套和高精度的采集不仅是为了眼前，更是为了未来了吗？作为测井解释评价工作者是否具备了对测井数据属性的全面认识？是否全面掌握了测量数据与地层真值之间的关系？所有这些疑问，我们都可以从本书中找到理论和技术方法的答案。

从我三十六年从事测井方法研究和现场测井评价的工作经历来看，国内的测井研究和生产实践很少考虑测井数据的不确定度、观测误差、精度、准确度等问题。我们通常都本能地把测井的测量值当作了地层真值，或多或少忽略了测井数据的测量属性，地质家、勘探家和开发专家对依托于测井测量数据形成的解释图版、解释成果表和解释结论更是常会有绝对化的认知。本书中文版的出版，告诉我们对于测井专业人员和使用测井数据的相关专业人员，正确认识测井数据的属性、控制好测井数据的质量是正确使用测井数据描述油气藏的基础。同时也使我们意识到，虽然改革开放 40 多年里国产成套测井装备的确获得了突飞猛进的发展，但我们在正确认识测井数据质量并通过仪器性能、采集工艺、处理解释等环节提升测井数据质量方面依然还有大量的工作要做，而且必须去做，这是高质量发展的时代要求赋予技术人员和管理人员的重要责任。

本书是一本不可多得的测井数据质量控制理论及其技术应用的好教材。掌握测井数据管理和质量提升的方法，是通过测井数据打开油气藏大门的重要工具。测井研究者、测井采集人员、测井解释评价人员甚至广大地质和油藏研究人员都能从本书中有所收获。

中国石油勘探开发研究院教授级高级工程师、博士生导师

2019 年 2 月 3 日于北京

中文版序二

自 20 世纪 90 年代初期，我开始着迷于油田数据质量问题。

我的第一本书《测井数据采集与质量控制》获得了世界范围内石油公司的关注。这促使我出版一本与之互为补充的姊妹篇《测井数据质量探索》。与此同时，刘舒杰女士密切关注着美国阿拉斯加油田的数据质量问题。当我们在休斯敦会面时，她决定将本书推广到她的故乡——中国。这个提议让我兴奋不已。我本人是法国人，而法语的读者不会超过一亿人，该书的英文版使得我的经验与知识让更多人了解，但如果出版一本中文版，必然将极大地扩展本书的读者范围。

将本书翻译成中文是极具挑战性的。刘舒杰很快得到了周强博士的支持，同时也得到了公博、李虎、李婧、李胜辉、彭耀、徐赤诚和周晓贤等人的帮助。

我对能够有这样一个充满勇气与激情的杰出团队完成这一项挑战性工作感到荣幸。在此也对他们表示感谢。

菲利普·雷斯

英文版序

我们常常听到这样的说法，储量是石油公司的主要资产。由于储量是基于数据的，因此石油公司的真正资产也许是它所拥有的这些关于储量的数据。

基于此，我们不应当管理好我们的测井数据吗？

我个人对测井数据质量的竭力探索始于 1999 年，那时我领导一个专业小组承担为期两年的数据迁移项目。在项目结束时，我们在公司的地球物理数据库中装载了 45000 多口井、涵盖 120 万条测井曲线的数据。该项目的核心是数据库的提取、清理、整合和迁移。当项目接近完成时，我记得有两个想法萦绕心间：（1）怎么确保我们永远不需要重复做这些工作？（2）我们怎么知道这些测井曲线代表的测量结果是否准确？

由于我的公司每年承担接近 1000 口井的钻井、测井与完井任务，经过若干年积累，以上问题不容小觑。

菲利普·雷斯的书应时出版了。从他的第一本书《测井数据采集与质量控制》、他教授的课程以及过去 11 年与他的多次交流中，我们学习到了如何将数据质量的基本原理——这一我们在其他领域认识到并广泛使用的原理——应用到测井这个专业领域。菲利普为我们能获得尽可能完整与准确的测井数据提供了必需的理论、技术与见解。

在本书中，菲利普进一步澄清了关于测井及其不确定性的问题。他还阐述了如何将两条数据质量管理的基本原则纳入测井过程中：

（1）从数据源开始确保并管理好数据质量；

（2）数据管理不是一个副产品，而是一个经过精心策划的、有明确定义好的"数据生产过程"的产品，涉及数据提供者（测井公司）和数据使用者（石油公司的岩石物理工程师和地球物理学家）。

菲利普呼吁测井从业人员应道德高尚、训练有素、技术精湛，而这正是整个石油行业的宣言。

正如菲利普在本书中所写，"地层评价由两部分组成：测量和模拟"。迄今为止，模拟和信息技术赢得了诸多关注。席卷石油工业的油田数字化成为目前的焦点，也显示了同样令人不安的趋势。

焦点应当回到数据和信息，菲利普敢为人先，倡导信息时代不应当成为只有信息技术的时代，数据和信息必须作为知识经济的货币受到切实的重视和管理。

对我而言，现今是一个激动人心的时代。在信息质量方面工作了十几年后，我开始看到明显的迹象，信息质量终于成了一个专业，前沿从业人员为它建立了严谨的学术基础、广泛的知识结构，以及独特的最佳的实施规范。有很多标志性事件说明这一迹象，诸如：

（1）国际信息和数据质量协会（IAIDQ）在 2010 年庆祝了其成立六周年。

（2）IAIDQ 即将发行信息质量专业认证。

（3）国际标准化组织（ISO）就信息质量发行了标准：ISO 20512 和 ISO 8000。

（4）目前，世界各地都有举行信息和数据质量会议。

（5）对信息/数据质量专业人士的需求增多，对此行业日趋成熟的成果期待：人们普遍认识到信息/数据质量绝不等同于数据清理。越来越多的职业招聘需要应聘者有流程改进方面的经验与精益六西格玛方面技能。

（6）世界各地的很多高等院校设有信息和数据质量课程并有相应的学位。其中，率先的当数小石城的阿肯色大学，它授予了全美甚至全世界第一批信息质量学科的硕士和博士学位。

（7）相关书籍的出版，比如菲利普的《测井数据质量探索》《测井数据采集与质量控制》。

如果高质量的信息是油藏管理与分析及决策制定与分析的主要输入信息，那么井下测量数据便是这条价值链中至关重要的原始信息。明智的石油公司采用菲利普在本书中建议的方法，将会在妥善管理他们最重要的数据资产方面突飞猛进。他们获取油藏信息与了解井眼状况的能力也将大大提高，从而取得最大采收率。

Aera 能源有限责任公司信息质量流程经理
国际信息和数据质量协会创始成员及董事会顾问

C. Lwanga Yongke

前　言

为什么写这本书？距《测井数据采集与质量控制》一书第一版出版已二十年有余，石油工业技术发生了巨大变革。然而数据库与不确定性管理的基本问题依然存在。与此同时，我的工作也扩大到更广泛的领域，特别是通过为石油公司提供咨询服务，加深了对石油公司的了解。石油工业追求高质量数据以便于有效决策和定量分析，出版一本突出他们在这方面所面临挑战的书是很有必要的。

我对数据质量的认知经历过三次顿悟：

第一次是在我职业生涯的早期。20世纪70年代中期，当时我还是一名现场工程师，采集一口勘探井的数据。我发现我的客户——一家石油公司——更感兴趣于得到他们预期的数据结果，而非真实客观的信息。他们花了几星期时间才接受所面临的是一口废井，这实际上从最初的测井数据上已非常明显可以看出。尽管我很好地完成了工作，他们却因我提交的成果而感到不安，传送坏消息的人并不总受欢迎。

第二次是在20世纪80年代中期我担任解释研究负责人期间。我的部门帮助开发解释流程，用来处理一批试图提供定量信息的测井仪器的测量结果：LDT（岩性密度）测井、NGT（自然伽马能谱）测井、DRI（双电阻率）测井、DPT（深电磁波传播）测井、EPT（电磁波传播）测井和SHDT（高分辨率地层倾角）测井。回到测井现场，我发现：

（1）现场数据处理的精度不足以匹配解释流程的需求；

（2）钻井情况大大损害了数据的可用性。

我花了大量时间使施工单位认识到需要改进现场数据处理流程，以及使石油公司知晓钻井情况对数据采集的影响。我通过与大型石油公司钻井部门的接触，并受到鼓励。可以概括为一位钻井经理所说的："我不知道我们竟极大损害了数据和信息的可用性。我们会与你配合。"他提出了一系列建议，不久便在全公司推行。

第三次是在我退休之后，开始做顾问时。我为十几家石油公司工作。我发现有时他们对数据的使用与我作为测井公司雇员时对数据的使用方法大相径庭。

基于以上认识，我意识到工业界存在大量信息交流方面的障碍与错误。现将要点总结如下，本书还将进一步探讨：

（1）测井公司获取的是测量结果，而不是真值。

（2）测井公司不是服务公司，他们提供的是产品。

（3）数据采集有多种用途，不仅用于快速、实时决策，也为长期使用。不同用途对数据的质量要求也相当不同。

（4）有时从一条测井曲线或测井数据库中观察到的与人们所认为的存在差异。

谨以此书献给在石油行业工作的现场工程师。他们从事的是一个重要的，又具有挑战性的工作，他们是从数据采集到数据解释流程的第一环节。

以上所述也许听起来令人沮丧，但下面的故事告诉我们仍有希望。我在石油公司和数据采集公司的同事和朋友们常取笑我追求过于完美的测井数据。事实的确如此，在翻阅了数千份测井资料后，我只找到屈指可数的几份优质测井资料。几年前，一家石油公司的代表邀请我到他的会议室。当时有十几个人在那里，在屋子中间桌子上摆着厚厚一摞最新采集的测井资料。他们要我帮忙审查这些资料。我花了二十分钟翻阅，然后发现："这些看起来是很好的、完整的、有序的、清楚备档的测井资料。"这家石油公司的员工回答说："是的，对于我们来说，这就是完美的测井资料。这个目标是可以达到的！"

菲利普·雷斯
2010 年于美国休斯敦

目　　录

1 绪　　论

本书不是纯粹的再版，也不是一部关于最新测井仪器与解释技术的培训教材，但书中仍着重讨论数据的采集问题。

本书首先剖析了测井数据中普遍存在的误解，然后针对如何确保合理地采集到能经受住时间考验的数据提出了建议。

在第一部分，读者将会学习到影响数据最佳使用的因素。首要原因是测井数据并非描述现实，而是测量现实。书中列举了简单的测量实例。然后阐述测井过程不是直接的，而是由许多中间步骤组成。也论及测井探测范围与数据用户想要了解的岩层并非一致。接下来讲到测量的一个基本事实，测量总是受到系统误差与随机误差的影响。

其次，应当考虑人为偏差。数据的篡改、移动时有发生。被称作"服务公司"的数据采集公司应对数据问题负部分责任。石油工业发生着日新月异的变化，测井公司面对的测井环境异常复杂，比如水平井、曲线井、非常规钻井液、偏远井场，等等。而数据用户则需要面对复杂的测井设备与多样的测井数据。数据的显示方式有时也有待商榷。

读者也许因这番不乐观的剖析而感到困惑。本书第二部分对多数问题都提供了解决办法。首先，数据采集方式取决于其用途。书中也解释了数据采集费用如何从数据的多种用途以及数据的持续使用方面得到补偿。

书中大多数章节均以各种类型的测井数据为例。第 18 章延伸应用到钻井数据。第 19 章指出，岩心数据也存在缺陷，并非绝对参考标准。

2 简 例 阐 述

2.1 测量与现实

在此强调人类不能真正认识现实世界，无须就此进行冗长的哲学讨论。现实世界是不可知的。感官是我们对现实产生过滤后的描述。例如，人耳无法感知低于 20Hz 以及高于 16000Hz 的声学频率。人眼无法看到超过红外线与紫外线的光线。因此，人类对现实的感知还是有限的。

人类借助测量对现实进行定量评估。物理学有四个基本物理量：长度、质量、时间和电流强度。可以从它们得出其他物理量：速度、加速度、力等。这四个基本物理量都不易测量。今天大多数人都戴手表，但时间仅仅在 200 年前才开始能被精准地测量。虽然我们可以使用机械计时器、石英手表和原子钟，但是它们都需要极其复杂的技术。万用表可以测量电流强度，它内含几十个电子元件。

在使用任何测量结果之前，包括井中测量，我们都应当明白测量有其不准确性这一严酷的事实。两个世纪前发展起来的测量学可以帮助我们。测量学家是这门科学的专家。为了明白测量所面临的挑战，让我们举两个常见又相对简单的测量实例，用浴室秤测量物体的长度和人的体重。这两种测量相结合，就得出人体质量指数。

2.2 测量木棒的长度

图 2.1　用两把尺子测棒长
（厘米尺在顶部，
英寸尺在底部）

我们来测量木棒的长度 L。长度的测量是物理学中一个最简单的过程。使用 2 根标尺，其中一个有厘米刻度，另一个有英寸刻度。图 2.1 显示放大 3 倍后所看到的结果，以正常视力而言，会得出结论：

（1）用厘米尺：$29.4\text{cm} < L < 29.5\text{cm}$；

（2）用英寸尺：$11\frac{9}{16}\text{in} < L < 11\frac{10}{16}\text{in}$。

用厘米尺，相对误差将是百万分之 30 至百万分之 90 的量级。用英寸尺，相对误差将是 $0.2\% \sim 0.4\%$。在大多数情况下，这些测量结果可以认定为优异的，尽管激光千分尺可以达到 $5\mu\text{m}$ 的可重复性（约百万分之一）。相比之下，测井测量的精度很少超过百分之几。

在这个例子中测量长度虽然是简单的，然而，它产生一个值的范围，而不是单一的值。对于任何测量均如此。

2.3 用浴室秤称体重

许多工程项目需要监测质量❶。用人体重量的测量这个简单而常见的例子说明质量的测量。

一个人打算减肥。为了监测进展，有必要从基准体重开始进行连续的体重测量。由于不同品牌的体重秤可能测得不同的读数，这个人买了三台体重秤，分别为蓝色秤、橙色秤和绿色秤。这些秤是机械式的、有杠杆式的和弹簧式的。

蓝色秤显示 188lb，橙色秤显示 194lb，绿色秤显示 196lb。这个人感到困惑不安，再次尝试。现在，蓝色秤显示 190lb，橙色秤显示 191lb，绿色秤显示 195lb。他试图明白这些数据，他意识到是穿着衣服称的，并且还系了一条很重的金属扣皮带。他决定脱掉他的衣服。此外，为保险起见，他摘掉了他那只便宜又轻便的手表。现在，蓝色秤显示 183lb，橙色秤显示 187lb，绿色秤显示 189lb，见表 2.1。

表 2.1 浴室秤实验

次数	蓝色秤（lb）	橙色秤（lb）	绿色秤（lb）
第一次测量	188	194	196
第二次测量	190	191	195
第三次测量	183	187	189

考虑到目标是要减肥，应该遵循什么策略呢？一些观察结论如下：

测量范围是从 183lb 到 196lb，差异是 13lb。首次测量和第二次测量之间的最小差异是绿色秤，差异 1lb。从直观来讲，第三次测量更可靠，因为它消除了一些可变量。如果连续多次测量，最好是去除衣物的变化（与皮带的选择），在称重实验中只涉及人体。

从先前的观察中，这个人变得更聪明了，不知不觉成了一名更好的测量学家，他决定采用下列限制条件监视他的体重：

（1）使用绿色秤进行连续的测量，并偶尔使用蓝色秤验证绿色秤功能是否正常。

（2）每当想知道体重时，将做三次测量。如果它们差别不大，将采取三次的平均值。否则，调查差异大的原因。

（3）确保是不穿衣服测的，假若不得不穿衣服，穿一样的衣服测量。穿衣服测量会使结果不是那么精确。

（4）1lb 的体重变化并不重要。减轻 1lb 不能被认为是成功，增重 1lb 不能被认为是节食失败。

（5）可以使用其他的重量做参考。使用一套砝码（图 2.2），并用其来校准浴室秤。得到了一张对应值表，分别是浴室秤所称得的砝码重量，与商用砝码标注的重量（表 2.2）。对于中间值，使用插值的算法。

（6）秤是通过弹簧、金属条和其他构件称重的。在互联网上搜索有关秤设计和制造的基本信息。最终与秤的制造商联系，以取得有关所购买秤的具体信息。

---

❶ 在此不详述质量与重量的差异。这里假定，一个人质量为 190lb，其重量也为 190lb。2.4 节将简述引力常数导致相同质量的物体有重量差异。

3

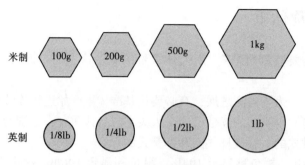

图 2.2　一套商用砝码

表 2.2　标注值与测量值的对比

序号	标注重量（lb）	浴室秤测量重量（lb）
1	100	98
2	150	149
3	200	203

2.3.1　浴室秤工作机理简明力学介绍

图 2.3 是浴室秤简图。图 2.4 显示弹簧在拉力作用下伸展[1]。

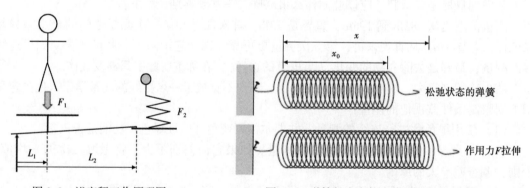

图 2.3　浴室秤工作原理图　　　　图 2.4　弹簧长度在拉力作用下变化示意图

如图 2.3、图 2.4 所示，大多数浴室秤采用杠杆绕固定点旋转的机制。使用者的重量 F_1 作用在杆的末端的距离 L_1，构成力矩 M_1。杠杆使弹簧伸长 $x-x_0$。用公式描述如下：

$$重量：F_1 = mg$$
$$等量力矩：M_1 = F_1 L_1 = F_2 L_2$$
$$弹簧张力：F_2 = k(x - x_0)$$

式中，m 是人的重量；k 是弹簧的弹力常数；x 为作用力下弹簧的拉伸长度；x_0 为秤上没有额外重量时的弹簧长度；L_1 是固定点和秤盘之间的距离；L_2 是固定点和弹簧之间的距离；g 是重力常数。

弹簧的伸长通过一些额外的机械链路连接到指示盘。这里不探讨弹簧与指示盘之间的复杂齿轮连接。设 x 为指示重量的参数，导出重量的最终方程：

$$m = f(x) = F_1/g = F_2 L_2/(L_1 g) = k(x-x_0)L_2/(L_1 g)$$

2.3.2　测量对参数的灵敏度

在这个简化的浴室秤测量中有五个参数：L_1、L_2、k、x_0 和 g。浴室秤坚固的设计会使 L_1、L_2 相当稳定。

（1）参数 x_0。

随着折旧和使用，x_0 可能会增加。x_0 的变化可以由浴室秤重新校准来补偿。在任何情况下，x_0 的变化是缓慢的，不会影响使用者在短期节食期间的使用。

（2）参数 g。

地球表面重力场的强度 g，约为 9.81m/s^2 或 32.2ft/s^2。由于重力随地点有多达 0.5% 的变化，弹簧秤可能对同一对象（相同的质量）在不同位置测得不同的重量。为了规范所测的重量，秤需要校准，以便读到被测对象在标准重力场强度下应有的重量。该校准是在工厂完成的。当秤移到其他地方，重力会有所不同，造成一定的误差。因此，为了高度准确，合乎商用，弹簧秤必须在使用地重新校准。在月球上称重的极端情况下，重力常数约是地球上的 1/6 或 1.625m/s^2。该测量若是在地球上校准的，不准确度达 83%。

（3）参数 k。

对于大多数物体，控制 k 变化的杨氏模量随温度而变化，因为它们随着温度的增加更容易拉伸。因此，弹簧常数会随着温度的上升而减小。

有关弹簧的拉伸，测量工具的几何特性，当地重力常数以及最终测得的重量的数据流程如图 2.5 所示。

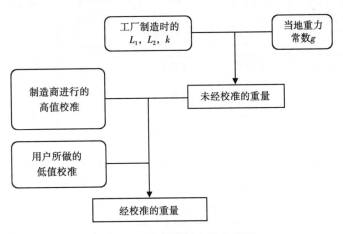

图 2.5　浴室秤测量流程示意图

2.3.3　取悦用户的浴室秤

浴室秤生产厂家可以在产品中安装一台小型计算机和一些软件来取悦顾客，使顾客称得的体重随着时间的推移呈现稳步下降，尽管其真实体重并非如此。这样，浴室秤称得的不是贴近真实的值，而是令用户高兴的体重。同样，一些油田公司也是更关注提供使人高兴的结果而不是准确的结果。

2.4 综合测量结果与计算器的误导

用户对体重指数（BMI）比对他的体重更感兴趣。BMI 定义为：

$$BMI = 体重 \div 身高^2$$

式中，体重以 kg 为单位❶；身高以 m 为单位。

图 2.6 计算器显示算得的体重指数，
多位数字给人高精度的错觉

将绿色秤称得的 189lb 转换为公制单位，为 85.9kg，并且用不太精确的卷尺测量身高，其读数几乎在两个"厘米"刻度中间：1.685m。用计算器算得体重指数：30.254734（图 2.6）。事实上，考虑到体重介于 175lb（79.5kg）和 190lb（86.2kg），身高介于 168cm 和 169cm，体重指数是在 27.8~30.6 的不可知值。计算器指示的 10 位数字给出不合理的高精度❷。

2.5 与石油工业测量相对比

21 世纪初，石油公司最常用的方法是从数据采集公司收集数据。该数据随后加载到解释软件，得出岩石性质。表 2.3 列出测井数据文件。

表 2.3 LAS 格式的测井数据

深度 （m）	纵波时差 （μs/ft）	钻头尺寸 （in）	井径 （in）	体积密度 （g/cm³）	密度校正 （g/cm³）	自然伽马 （gAPI）
581.7180	118.352	9.5000	9.6518	2.0929	0.0416	46.4436
581.8704	118.192	9.5000	9.6305	2.0929	0.0416	47.4542
582.0228	117.941	9.5000	9.6305	2.0885	0.0339	46.5120
582.1752	117.300	9.5000	9.5984	2.0947	0.0232	46.5703
582.3276	116.310	9.5000	9.6198	2.1052	0.0162	45.3280
582.4800	115.642	9.5000	9.6198	2.1274	0.0281	44.6865
582.6324	115.107	9.5000	9.6269	2.1213	0.0298	44.7658
582.7848	114.232	9.5000	9.5771	2.1269	0.0357	44.4736
582.9372	113.260	9.5000	9.5664	2.1214	0.0279	45.8879
583.0896	112.215	9.5000	9.6518	2.1325	0.0320	44.5343

---

❶ 如果重量以 lb 为单位，身高以 in 为单位，应当乘以 703。

❷ 有趣的是，若体重指数为 27.8，属于"超重"行列，体重指数为 30.6，属于"肥胖"人群。详见第 11 章关于决策阈值的讨论。

这些数据与在浴室秤实验收集的有以下不同点：

（1）代表的测量值有很多有效数字，也就是表中的小数点后的数字（除纵波时差外，均有 4 位）。例如在第 3 行中所示的深度，它显示的分辨率为 0.1mm 或 0.004in，深度测量技术达不到这么好的精度。类似地，在第 3 行第 5 列所示的密度值 2.0929g/cm³，设计的仪器不可能测得如此精确的信息。换言之，测井信息显示不切实际的高精度感会给人以误导。

（2）尽管专业测井人员给用户测得的是一系列值，在这里每个深度只列出一个值。这些信息没有经另一组不同的仪器交叉检验。有时使用相同的仪器进行第二次测量，即重复测量部分，但是在解释过程中很少使用这段重复的部分。

（3）并没有抑制不需要的信号（类似于在浴室秤实验中的衣服）而优化结果。例如，多数测井结果受井眼影响，且这种影响总是存在的。

2.5.1 对导出属性产生的毫无根据的准确度感与精度感

测井解释的一个简单方法是从测量值直接计算地层特性：

（1）测量。

测得孔隙度 $\phi = 21$pu，测得地层电阻率 $R_t = 28\Omega \cdot m$，地层水电阻率 $R_w = 0.12\Omega \cdot m$。

假定饱和度为：$S_w = (1/\phi)\sqrt{R_w/R_t}$，求得：$S_w = 31.1739843$su。实际上，测量并不完美，受不确定度的影响。

（2）不确定度❶。

$$\sigma_\phi = 2\text{pu}$$
$$\sigma_{Ct} = 1\text{mS/m}$$
$$\sigma_{Rw} = 0$$

传播不确定度[2]为：$\sigma_{Sw}/S_w = 9.6\%$❷。所以，S_w 介于 28.2~34.2su。

2.5.2 岩石性质与测井之间的差异

考虑到即使在简单的地表环境下采用浴室秤称量体重都要小心翼翼，很有必要分析哪些因素会影响从地下数英里深且无法观察到的条件下采集的信息。

接下来的三章将阐述如下几点：

（1）所有测井都是间接测量，获得岩石近似信息。

（2）没有任何测井可以只测储层岩石或感兴趣的地层。

（3）正如在浴室秤试验中观察到的数据的分散性，重复测井也获得多个值。而且，所有这些值都不同于地层真值。

2.6　小结

（1）现实不容易掌握，观察因感官限制而有误差。

（2）测量使对现实的描述定量化，但它是近似的。

---

❶ 第 12 章与第 13 章详述如何得到这些数值。

❷ su 代表饱和度单位。

（3）用尺子测量棒长虽简单，答案却不唯一。

（4）用浴室秤测量体重并不像看起来那么简单。

（5）当组合不同的测量结果，如长度和重量，做出决定时，必须小心谨慎。

（6）用已知基准校准测量增加了测量的价值。

（7）测井测量相当复杂。

（8）测井数字记录显示唯一的、高精度的测量结果，这并不是实际的真值。

（9）为列举关于长度和重量的图形例子，采用了真值29.4237cm（11.5838in）和179lb（81.2kg）。请读者计算这些真值和那些测量值之间的差异。

参 考 文 献

［1］ http：∥home. howstuffworks. com/inside-scale. htm.

［2］ Theys，P.，*Log data acquisition and quality control*，Éditions Technip，1999.

3 所有测井都是间接的

由于物理上的限制，不能对地下地层进行直接测量。本章讨论最常见的井下测量。重点放在电阻率测量上，因为近年来的技术发展改善了这项不容易的测量。首先简单阐述一下测井过程。

3.1 测井过程简述

有两种方式收集地下岩石和流体的信息：

（1）取一块地下岩石，把它带到地表进行测量。这种方法称作取心❶。第 19 章将讨论取心的局限性。

（2）将核、电、声等测井仪器的发射源固定在电缆或钻铤上，并加上探测器，使用这些发射源激发地下地层，用探测器收集产生的信号，并通过有电导线的电缆传送这些信号，或者通过钻井液脉冲进行传送❷。在有些情况下，没有必要激发地层，因为它们自发产生信号，后者称为被动测量。

3.2 自然电位测井

自然电位（SP），是历史上第二个井下测量参数。它可应用于区分渗透地层与非渗透地层，并能够将地层和钻井液流体之间的差异定量化。SP 的电流回路并不复杂，主要测量流过一个超大电阻的极小电流，此外，还包括其他几个电阻与电位源。SP 测量虽然简单，却受到几种伴生信号的影响，如电缆磁化和杂散电压。

SP 的解释结果是泥质含量 V_{sh} 和地层水电阻率 R_w。但解释过程涉及多个参数，所以该方法是间接的；这些参数的正确选择是一个先决条件。

3.3 电阻率测井

电阻率是第一个井下测量参数。测井始于测量地层电阻率，因为在水和油之间、盐水和淡水之间，以及多孔岩层和坚硬岩层之间，电阻率都存在巨大差异（从 $0.1\Omega \cdot m$ 到 $10\times 10^4 \Omega \cdot m$）。对具有如此大动态范围的参数进行测量，必须非常精确才有用。然而这个历史悠久的断言却是一个悖论，因为定量表达地层电阻率是一个极富挑战的命题。首次电阻率测井研究成功至今，试图测量地层电阻率的新仪器仍然在设计和研发中。事实上，岩石物理学家寻找的是远离井眼的地层真电阻率 R_t，而实际上电阻率只是井眼中某些点测量得到的。

---

❶ 法文为 Carottage。

❷ 这个过程类似于使用闪光设备照人，产生人的照片描述此人。

亨利·道尔❶在20世纪70年代承认[1]，30年多来电阻率测量基本上与R_t没有关系。

3.3.1 早期仪器

图 3.1 斯伦贝谢公司研制的电位器（1925 年）（据 Dominique Chapellier）

在 1927 年首次进行电阻率测井时，曲线被命名为电阻率曲线，而不是地层电阻率曲线。这是因为仪器的核心部件是一个地表电位器（图 3.1）。它的功能如同电阻率指示盘。在电位电阻率绘制在图纸上之前只需要一个参数（井下探头的 K 因子）。

经过几年的实验，在这些仪器上增加了电极或线圈，可以在不同模式下工作。在 20 世纪 30 年代，曲线的形状和幅度取决于电极的间距。很多图版[2]用于校正钻井液侵入、井眼和不断变化的地层性质的影响，以使校正后电阻率接近地层真电阻率（表 3.1）。在这个早期阶段，已经开始使用反演模型。这些图版并不会从测量值直接指示地层真电阻率 R_t，但它们可以让测量值反映更加真实的电阻率。

表 3.1 此表将测量值与地层电阻率连接起来。曲线的参数是源距（比如 64 in）。测量值表达为 R_t 的函数（据斯伦贝谢公司）

层厚 e	输入参数	仪器	响应
A. 低阻层，$R_{16}''/R_m<10$（钻井液侵入深达 2 倍井径）			
$e>20$ft（>4AM′）		长电位测井	$R_{64}''=R_t$
$e\approx15$ft（>3AM′）	$R_m\approx R_s$，$R_{64}''/R_s\geqslant2.5$	长电位测井	$R_{64}''=2/3R_t$
$e\approx15$ft（>3AM′）	$R_m\approx R_s$，$R_{64}''/R_s\leqslant1.5$	长电位测井	$R_{64}''=R_t$
$e\approx10$ft（>2AM′）	$R_m\approx R_s$，$R''_{64}/R_s\geqslant2.5$	长电位测井	$R_{64}''=1/2R_t$
$e\approx10$ft（>2AM′）	$R_m\approx R_s$，$R_{64}''/R_s=1.5$	长电位测井	$R_{64}''=2/3R_t$
5ft$<e<$10ft	含油层，SP 介于$-50\sim80$mV	短电位测井	$R_{16}''=R_t$
5ft$<e<$10ft	各向均质围层	侧向测井测电阻层	$R_t\geqslant R_{max}R_s/R_{min}$
薄层	各向均质围层	侧向测井测电导层	$R_{16}''\approx R_t$

3.3.2 近代仪器

现代所谓的电阻率测井仪器实际上并不直接测量电阻率❷，而是测量电压和电流强度。在这里不再赘述来自不同服务公司的诸多仪器及其原理。撇开数据处理过程，电阻率测井仪器大致分为两大类：

---

❶ 详见第 17 章。
❷ 甚至地面欧姆计也不直接测量电阻率。

（1）电极测井仪（主要对电阻率敏感），也被称为侧向测井仪。

（2）感应测井仪（主要对电导率敏感）。

为便于理解电阻率测井，列举一个实际例子（图 3.2）[3]。一口井钻穿不同地层，R_t 为 $0.3\Omega \cdot m$（9920~9880ft）、$1\Omega \cdot m$（9880~9850ft）、$90\Omega \cdot m$（9850~9800ft），R_w、ϕ 以及地层因素 F 是常数。采用简单的阿尔奇饱和度方程：

$$R_t = R_w \diagup (\phi^2 S_w^2)$$

式中　S_w——含水饱和度。

所得的含水饱和度剖面不断地尖锐变化，100su 在下部地层，55su 在中部地层（过渡带），5.8su 在上部地层（油气带）。侵入带电阻率 R_{xo} 从 $1.8\Omega \cdot m$ 至 $2.2\Omega \cdot m$ 然后到 $4\Omega \cdot m$。电阻率模拟选择侵入带直径为 50in，这对于在钻井几天后进行的电缆测井是一个合理的假设。侧向测井和感应测井获得的真值（模拟值）和测量值见表 3.2 和表 3.3。

表 3.2　图 3.2 所示侧向测井曲线的真值和测量值

地层	深度（ft）		R_t ($\Omega \cdot m$)	R_{xo} ($\Omega \cdot m$)	S_w (su)	R_{LL} ($\Omega \cdot m$)	R_{LL}/R_t (%)	S_{wLL} (su)	S_{wLL}/S_w (%)
1	9920	9880	0.3	1.8	100.0	1.0	333.3		
2	9880	9850	1.0	2.2	55.0				
3	9850	9800	90.0	4.0	5.8	42.0	46.7	8.5	146.4

注：R_{LL} 为深侧向测井电阻率，S_{wLL} 为深侧向测井含水饱和度。

表 3.3　图 3.2 所示感应测井曲线的真值和测量值

地层	深度（ft）		R_t ($\Omega \cdot m$)	R_{xo} ($\Omega \cdot m$)	S_w (su)	R_{ID} ($\Omega \cdot m$)	R_{ID}/R_t (%)	S_{wID} (su)	S_{wLD}/S_w (%)
1	9920	9880	0.3	1.8	100.0	0.38	126.7		
2	9880	9850	1.0	2.2	55.0				
3	9850	9800	90.0	4.0	5.8	30.0	33.3	10.0	173.2

注：R_{ID} 为深感应测井电阻率，S_{wID} 为深感应测井含水饱和度。

3.3.2.1　侧向测井读数

深（长源距）侧向测井 R_{LL} 在水层读数为 $1\Omega \cdot m$，换言之，是真值 R_t 的 3.3 倍以上。R_{LL} 在油气层读数为 $42\Omega \cdot m$，比真值低 2.1 倍。因此，油气层的最小含水饱和度为 8.5su，是真值的 1.5 倍。

3.3.2.2　感应测井读数

深（90in 源距）感应测井 R_{LL} 在水层读数为 $0.38\Omega \cdot m$，比真值高 27%。相同曲线在油气层读数为 $30\Omega \cdot m$，比真值低 3 倍。导致油气层的最小含水饱和度为 10.0su，是真值的 1.7 倍。

在水层采用深感应测井，在油气层采用深侧向测井，含水饱和度变为 8.5su，比真值高 47%。

值得注意的是，当真值迅速变化时，所有测井曲线都经历过渡带。最长的过渡带展示在深探测曲线上（深感应测井为 12ft，深侧向测井为 15ft）。这类渐变是过渡带含水饱和度变

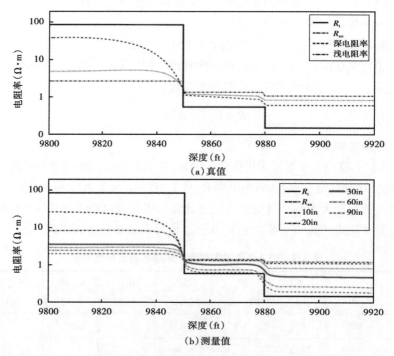

(a) 真值

(b) 测量值

图 3.2 真值与测量值的对比（据 SPWLA）

真值（陡直线）与测量值（平缓线）差异明显

化引起的，尽管真正的"过渡"层是 9880~9850ft。对过渡带的错误解释会导致对油藏厚度的错误评价，进而影响油藏储量的评估。

最后，使用 10in 感应测井能较好评估 R_{xo} 以及划分地层界面。通过地层界面的精确划分，可以建立正确的地层模型（正演），并且准确地计算含水饱和度。

3.3.3 三分量电阻率

近年来，已经成功研发多分量电阻率仪器。严格来讲，测量值仍然不等同于真值，如图 3.3 所示，电导率随钻井液侵入半径 r_1 变化。水平线代表真地层电导率，1000mS/m。所有的

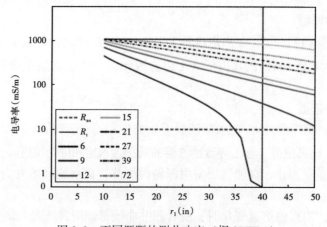

图 3.3 不同源距的测井响应（据 SPWLA）

测量值都以斜线表示。只有当钻井液侵入最小时，亦即在非产层的泥岩层，真值与实测值才相符[4]。

3.3.4 利用电阻率仪器响应之间的差异

电阻率仪器响应的差异可以用于探测地层异常。裂缝通常可由侧向测井仪器探测，但不会影响感应测井仪器的响应。这两类测井的组合能识别裂缝（图3.4）。

同样，测井仪器的设计根据不同的物理学原理探测岩石的特殊性质。以后要讲的中子测井，可以探测超热中子和热中子。响应的差异能帮助识别吸收中子的矿物。

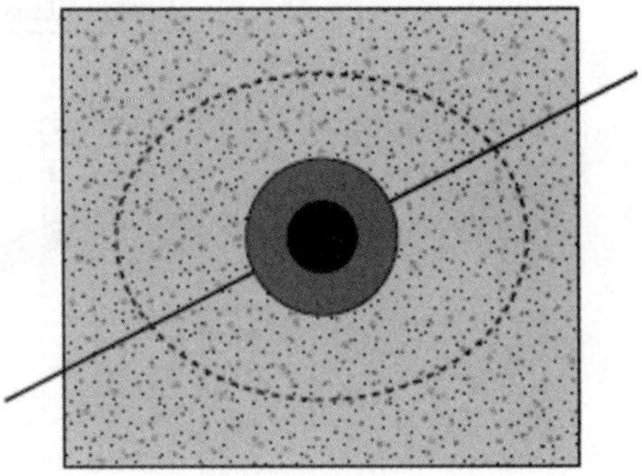

图3.4 侧向测井与感应测井电流
模式的不同可以用来探测裂缝
感应测井的电流模式是一个圆。侧向测井的
电流模式是一条直线。导电钻井液侵入
裂缝会大大改变侧向测井的读数，与
致密（高电阻）地层截然不同

3.4 自然伽马测井

天然放射性可以用来区分岩石的类型。这就是为何早期测井包括了测量地层自然放射的伽马射线的强度。

伽马射线的测量看起来非常简单。将伽马射线探测器放入井中，对给定时间间隔内接收的伽马射线进行计数。早期伽马测井仪使用每秒计数率（CPS）为单位。它的困难在于需要考虑测井仪器壳体的大小，以及探测效率和仪器材料对伽马射线的衰减。后来通过将计数率转换为 API 单位得到了解决，此转换过程取决于仪器与地层。尽管使用这种有共同标准的归一化，数据用户常常抱怨因两个不同测井仪器观测所引起的差异。所幸的是伽马测井曲线常常用于定性解释，以确定泥质的百分含量。伽马能谱测井仪器（提供有用的钍、钾、铀含量信息）涉及复杂的能窗和滤波处理。在这种情况下，仪器需要复杂的刻度，因为含量将应用于定量解释中。

3.5 密度测井

密度是地层的一个重要特征，因为它随着岩石类型、流体类型和流体含量而变化。这种测量用于估计孔隙度，也即流体占总体积的比例。

井下密度不可能用第 2 章描述的简单机械方法得到。岩石密度是通过分析伽马射线与地层物质的相互作用间接得到的。伽马射线由放射源（铯 137）发出，与地层原子相互作用并在几英寸远的地方被探测到。有两种相互作用可能发生：康普顿散射和光电吸收。康普顿散射是由地层的电子数目，即地层的电子密度控制的。早期密度测井曲线以每秒计数率为单位，而不是采用 g/cm^3。用户可以进行单位转换（图3.5）。

3.5.1 电子密度

电子密度很快取代了不方便的每秒计数率单位。它是通过分析经过低能量光电吸收伽马校正的康普顿散射伽马射线而得到的。在早期仪器设计中，低能量伽马射线被安装在探测器上的镉屏蔽。在现代设计中，借助能谱分析将低能量伽马射线从那些不受光电吸收影响的伽马射线中分离出来。

13

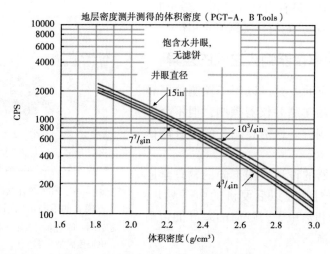

图 3.5　单位转换图示（据斯伦贝谢公司）
与密度相关的曲线以每秒计数率（CPS）为单位

3.5.2　密度

电子密度 ρ_e 仍然不是体积密度 ρ。在含水石灰岩，可以通过简单的转换[5]得到：

$$\rho = a\rho_e - b$$

其中 $a = 1.0704$，$b = 0.188$。

对于其他矿物，存在一些不同，但只要能识别矿物，就完全可预测它们（图 3.6，其中 ρ_{log} 为测量密度，ρ_b 为真实体积密度）。

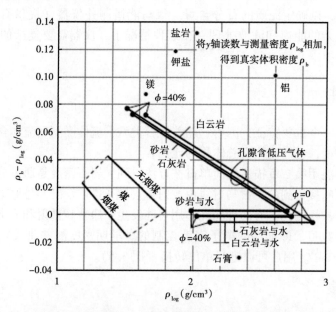

图 3.6　石灰岩刻度的密度和真实密度之间的转换（据斯伦贝谢公司）
以测井密度读数代入图版，向上移动，与有关矿物线相交。例如：测井读取 2.05g/cm³，岩屑显示
井眼穿过厚的盐岩层。这样，从在 x 轴上的点 2.05g/cm³，向上移动到到盐岩点读取 0.135g/cm³。
实际密度是 2.185g/cm³，这是盐岩密度的正确值

14

3.6 纵波时差测井

测量地下岩层的声学特性，可以与地表地震相关联，并估算流体含量。

仪器可以测量发射器和接收器之间的纵波传播时间。纵波不仅经由附近的地层传播，也穿过地层与仪器之间的钻井液。声能由发射器发射，接收器检测到纵波首波到达时间（图3.7）。

3.7 其他声波信息

声波首波到达时间容易检测，其他声波测量却不易获得。可能需要复杂的处理，例如时差相关分析。对于偶极声波测井仪，剪切波甚至不是直接测到的。剪切波是用挠曲波间接测到的。在慢速地层中剪切波的速度低于声波在井眼流体中的传播速度，而测量挠曲波是唯一可用的技术。挠曲波与剪切波密切相关，但不同于剪切波，它具有很强的频率依赖性。因此，需要额外的信号处理。

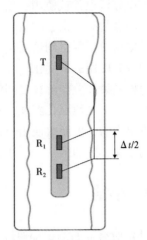

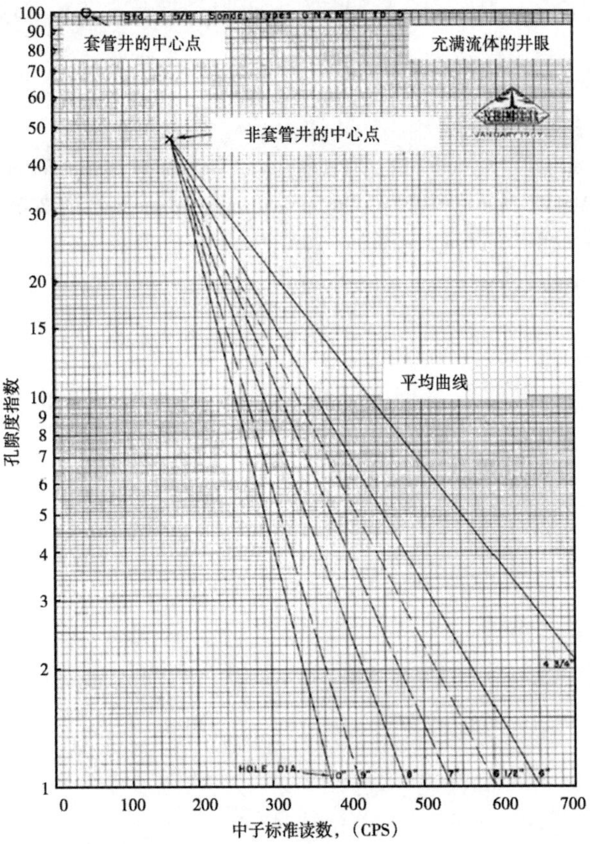

图 3.7　纵波简化测量原理
T 是声波发射器。R_1 和 R_2 是声波接收器。沿地层传播时间除以 2，因为接收器的间距为 2ft。测量以 μs/ft 表示

3.8 中子测井

对中子与地层相互作用的分析表明，中子与流体含量及含水饱和度有关。第一代中子类仪器能够显示计数率曲线（图3.8），需要相当的技能以获得某种孔隙度[2]。

随后，中子测井仪器的设计采用不同源距的多个探测器以及测量不同能量范围的中子（热中子和超热中子）。从计数率到孔隙度的转换是通过对实验地层做了大量的实验工作，并进行诸多环境校正建立的。

3.9 近代测井技术

近几年来，测井新技术大量引入。测井新仪器所产生的原始数据实际上类似于那些早期仪器产生的数据。不同之处是，多源距或多探测器仪器现在很普

图 3.8　早期中子测井图版（据斯伦贝谢公司）

15

遍。频谱分析也常被使用。信号处理变得复杂，一般数据用户不易理解。这不是数据用户的过错，而是数据提供者的责任。测井公司应当就新仪器和数据处理过程向数据用户做完整说明。数据用户需要得到这些信息，即使为了用户方便已经进行了简化。黑匣子和神秘模型不能达到数据使用的最优化。

数据采集和数据解释之间的界限并不分明。若曲线以"中子计数率"命名，毫无疑问，曲线所示的不是地层孔隙度。相反地，诸如中子孔隙度、地层密度和地层电阻率之类的曲线名是不明确的，可能致使用户认为这些曲线是直接测量的孔隙度、密度或电阻率，而没有任何不确定性。正如第9章所述，测井图示中使用的许多术语都增加了误解。

3.10 小结

(1) 所有井的测量都通过间接方式进行的。
(2) 井下测量利用各种物理定律，要求有一系列的计算模型和处理参数。
(3) 仪器刻度将间接测量与实际所需的地层性质联系起来。
(4) 不同的测井参数必须提供给数据用户。
(5) 将仪器设计的物理原理装到黑匣子里，不利于数据使用者的工作。

参 考 文 献

[1] Bowker, G., Science on the run, information management and industrial geophysics at Schlum berger, 1920–1940, The MIT press, 1994.

[2] Schlumberger, Historical charts, SMP-7030.

[3] Tabanou, J., Theys P., "Le log," The log analyst, 1992.

[4] Barber, T., Wang, H., Leveridge, R., Hazen, G., Schlein, B., "Principles of log quality control for complex induction logging instruments," paper MMMM, Trans. SPWLA 49th annual log ging symposium, 2008.

[5] Ellis, D. V., Singer J. M., Well logging for earth scientists, Springer, 2007.

4　测井并非只测量目的层

当一个人使用浴室秤时，几项外界因素可能干扰测量：衣服和浴室秤所在的地表（地毯或瓷砖）。在测井测量中，显然不可能将地下一块岩石分离出来评估其特性❶。此外，目的层的几何特征可能会差别很大：它们或许是大而厚的地层，也可能是小而薄的地层。相反，一支固定的测井仪在正式投入商业服务后，其几何结构是固定的。发射器和接收器之间的距离、发射源和探测器之间的距离不会改变。变化的岩石特征与固定的测井仪器设计之间的不匹配，使得测量真值面临巨大的挑战。

4.1　测井仪器探测的体积

4.1.1　裸眼井

测井仪器旨在测量目的层，潜在的储层或特殊的标志层❷。但事实上不可能屏蔽测井仪器，使其不受周围环境的干扰。图 4.1 展示裸眼井的结构，上部显示理想测井仪器的探测体积。探测器忽略井眼、侵入带和邻层的干扰，聚焦于不受钻井和侵入影响的原始地层。这样的探测器无法设计。实际的测井仪器探测器通常会探测到：（1）井眼；（2）侵入带；（3）上面和下面的地层，也称围岩。

图 4.2 展示井眼及周围地层的详细侧视图，有许多相关的参数对测量造成影响。

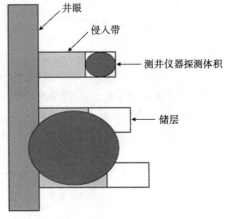

图 4.1　垂直井剖面图

深色区域代表测井仪器探测体积。上部地层由理想探测器测量，聚焦于储层。下部地层由实际探测器测量，受井眼、侵入带及围层影响

4.1.2　套管井

套管井环境更有挑战性。由于油管尺寸的限制，测井仪器需要小的外径。如图 4.3 所示，测井仪器为黑色，置于两个油管其中一个。两个油管所含的生产流体不同。第三种流体存在于套管内。油管和套管，通常由钢制成，会干扰地层信号，也对总信号产生贡献。为简明起见，水泥未画出，但也必须考虑其影响。水泥的体积和形状与原始裸眼井有关。测井仪器的探测体积用虚线圆表示。可以直观地看出总信号中只有一部分与地层有关。只有仔细评估这些非地层信号的贡献后，才能成功进行测井解释。

---

❶　取心是从井下采集样品。对岩心的测量有其自身的局限性。详见第 19 章。

❷　这同样适用于对套管，油管和其他井下目标的监测。

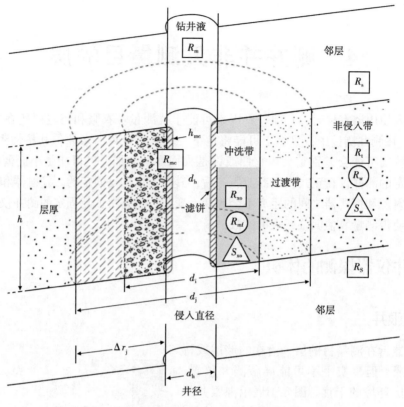

图 4.2 测井仪器探测体积侧视图（据斯伦贝谢公司）

不考虑井眼周围的体积，就不能测量非侵入带

R_m—钻井液电阻率；R_{mc}—滤饼电阻率；R_{mf}—钻井液滤液电阻率；R_{xo}—冲洗带电阻率；R_s—围岩电阻率；
R_t—地层电阻率；R_w—地层水电阻率；h—地层厚度；h_{mc}—滤饼厚度；d_h—井眼直径；d_i—冲洗带
直径；d_j—过渡带直径；Δr_j—侵入带半径；S_w—地层含水饱和度；S_{xo}—冲洗带含水饱和度

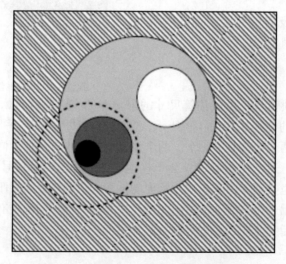

图 4.3 测井仪器在套管井的探测体积

4.1.3 探测数据

当在地表（秤、尺子等）进行测量时，测量对象可以被明确定义。测井的情况却不是如此。表4.1列出已公布的大多数电阻率测井仪的探测体积。表中分别列出垂直分辨率和探测深度[1]。显然，地层特征可能会不相同（薄层或厚层、浅侵入或深侵入、变化的地层特征——裂缝、溶洞、砾石等）。

表 4.1　测井仪的垂直分辨率和探测深度

测井仪	垂直分辨率	探测深度
成像测井	0.2in	12in
微电极电位测井	2~4in	2~4in
微球形聚焦测井	5in	12in
短电位电极测井	12in	12in
电位电极测井	90in	60in
浅侧向测井	24in	25~50in
深侧向测井	24in	80in
10in 感应测井	1ft，2ft，4ft（90%）	10in（50%，0mS/m）
20in 感应测井	1ft，2ft，4ft（90%）	20in（50%，0mS/m）
30in 感应测井	1ft，2ft，4ft（90%）	30in（50%，0mS/m）
60in 感应测井	1ft，2ft，4ft（90%）	60in（50%，0mS/m）
90in 感应测井	1ft，2ft，4ft（90%）	90in（50%，0mS/m）
深电阻率测井	8ft（90%，<10Ω·m）	60in（50%，0mS/m）

注：这些数据是近似的，因为垂直分辨率和探测深度随着层厚、侵入剖面以及钻井液电阻率变化。

电阻率测井仪探测到的体积可以非常大❶，包括井眼、围层、侵入带等。图4.4代表不同区域对测量信号的贡献，这与它们离测井仪器的远近有关。贡献最大的区域用黑色表示。贡献较小，但仍不可忽略的信号可能来自离测井仪12ft的区域。显然，需要大量的数据处理工作来区分哪些信号来自邻近测井仪的地层，哪些信号来自井眼或较远的地层。

4.1.4 高分辨率的优势

高分辨率测井仪往往探测深度浅。为什么使用高分辨率测井呢？事实上，高分辨率探测器有助于探测细微岩石特

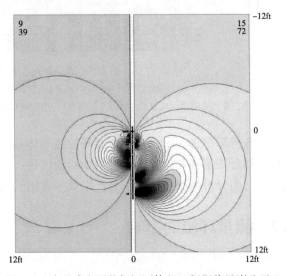

图 4.4　阵列感应测井仪探测体积（据斯伦贝谢公司）
圆柱体高24ft，半径12ft

---

❶　这种设计是由于侵入带对目的层测量的干扰（含流体的非侵入带才能反映钻井前的地层状态）。

征以及更好地分辨薄层。图 4.5 就是一个例子，密度—中子在 xx036ft 到 xx027ft 的 9ft 深度段的重叠模式显示为气层，中深电阻率曲线确认这是产层。在该层的上部，电阻率大幅降低，伽马值读数高，密度—中子重叠模式可以解释为高泥质含量的砂岩。从地层电阻率成像测井仪得到的高分辨率电导率曲线却给出不同的解释。该地层不是含泥质的厚砂岩层，而是含油气的纯净砂岩层（低于 200mS/m，相当于 5Ω·m）和泥岩层（低于 1000mS/m，相当于 1Ω·m）的交互层。因而探测到的净产层额外增加了 12ft，使该勘探区域具有经济价值。图中第 2 道的电阻率图像确认了薄层的存在。注意，成像测井的高分辨率电导率曲线虽然不给出定量的信息，但可以帮助更好地描述岩石的几何形态。

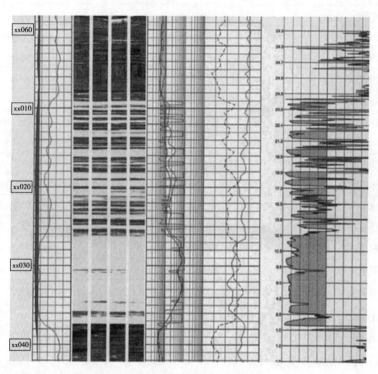

图 4.5　薄层序列（据斯伦贝谢公司）

经典测井（中深电阻率以及密度—中子）"看不到"薄层，但高分辨率成像曲线能识别它们

（黑白序列表明净砂岩层与泥岩层交互存在）。右侧轨道的曲线是由成像信息构筑的高分辨率电导率曲线

　　高分辨率信息并不总是增加解释的油气体积，有时也会减少油气体积。在所有情况下，使用不同分辨率测井仪的组合有助于对地层进行更真实的描述。但是应当强调，如果井眼状况不好，高分辨率测井可能不会产生很多有用的信息。

4.2　测量环境的影响

4.2.1　井眼的影响

　　测井在钻井期间或钻井后进行，这意味着井眼的存在。事实上，所有的测井仪器都是从井眼中接收信号，因此或多或少受它的影响。

4.2.1.1 一个极端的例子：重晶石对光电因子的影响

当有重晶石存在时，测井探测器探测到的几乎都是井眼而非地层。假设测井仪器的光电探测器"看到"97%的地层和3%的井眼。线性体积方程不适用于光电吸收截面指数 Pe，但可用于体积光电吸收截面指数 $U = Pe \times \rho_b$，其中 ρ_b 为地层密度。探测的是石灰岩地层。地层的体积光电吸收截面指数 $U_{formation} = 13.8$。体积方程可以写为：

$$U_{log} = 0.97\ U_{formation} + 0.03\ U_{borehole}$$

式中，U_{log} 为测井测得的体积光电吸收截面指数，b/cm^3；$U_{formation}$ 为地层的体积光电吸收截面指数；$U_{borehole}$ 为井眼的体积光电吸收截面指数。

当钻井液中没有重晶石时，$U_{borehole} = 0.2$，$U_{log} = 13.4$，与石灰岩地层有3%的差异。这个小的误差可以校正。当有25%的重晶石时，$U_{borehole} = 1091 \times 0.25 = 273$，$U_{log} = 21.6$。测井值与地层真值的误差为56%，基本不能校正。

图4.6假设有一理想的测井仪器，在第一种情况下探测到99.95%的地层和0.05%的井眼，在更接近现实的第二种情况下探测到62%的地层和38%的井眼。在第一种情况下，即使 $U_{borehole}$ 比 $U_{formation}$ 大20倍，校正依然是可能的。在第二种情况下，校正不可能。然而，Pe 和 U 仍可用作很好的重晶石指示参数。

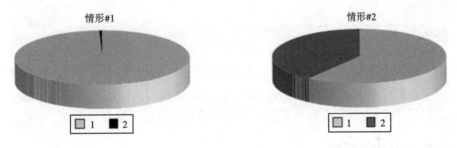

图4.6　理想的测井仪器探测结果

4.2.1.2 井眼形状的影响

井眼可能以不同的方式影响测井读数。发生这种情况时，井眼的形状使得探测器不能正确定向。当岩石应力场不是各向同性时，井眼呈柠檬形状。井眼长轴的末端表面是粗糙的，而短轴的末端是相对光滑的。在第一种情况下，安装在极板上的探测器读数的多半来自钻井液［图4.7（a）］，但在第二种情况下却可以得到合理读数［图4.7（b）］。

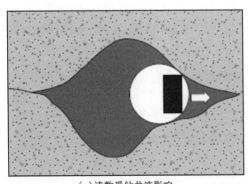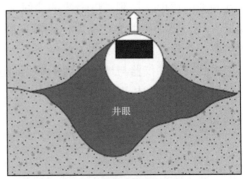

（a）读数受钻井液影响　　　　　　　　　（b）读数是正确的

图4.7　仪器定向对极板型仪器的影响

4.2.1.3 井眼扫描仪

考虑到井眼对测井仪器的影响很大，井眼扫描仪的设计是一个很大进步。此仪器有以下特点：

（1）读取钻井液性能（电阻率、密度、重晶石含量）。

（2）采用多个井径仪描述井眼形状和尺寸。

（3）不会被卡住。

（4）结构紧凑。

（5）不影响其他测井仪器的定位。

不幸的是，这类仪器尚待设计与商业化。

4.2.2 滤饼

钻井后，压差以及流体成分的不同会导致钻井液和地层之间滤饼的堆积。滤饼影响浅探测仪器，特别是密度测井仪。人们尝试了一种办法试图弥补滤饼的影响。采用两个具有不同源距的探测器，这样可以探测到两个独立的区域，即浅层带和深层带。两个区域的信息被同时收集（即不单独进行两次测井）。这种办法现在也常用于多源距电阻率测井，并用于解决下一个挑战：侵入的影响。

4.2.3 侵入

由于井眼含有钻井液，而钻井液压力高于地层压力，钻井液滤液会侵入电阻率为 R_t 的原始地层。测量未侵入地层电阻率的方法是设计深探测仪器，但这些仪器也"看得到"浅部的区域（甚至井眼）。因此，浅中深测量要同时进行，以便解出合理的 R_t。

4.2.4 围岩以及地层倾角

深探测测井仪适用于探测超越侵入带的地层，但往往具有较低的垂直分辨率，受到目的层上下地层的影响。对小于 10ft 的薄层，R_t 和深测井仪读数之间有巨大差异。这些差异会因地层倾角的存在而更大[2]。图 4.8 模拟的 R_t 示于第 3 至第 5 道，当电阻率读数超过 $20\Omega \cdot m$，R_t 和测量值之间有大的差异。在 D 层，深电阻率读值为 $20\Omega \cdot m$，也就是只有 R_t（$80\Omega \cdot m$）的 25%。

在倾斜薄层中，探测深度最浅的曲线（如斯伦贝谢公司 AIT 测井仪的 10in 曲线）常常最接近 R_t[3]。然而工业界却常常使用深探测曲线作为 R_t 的最佳估计。对于倾斜薄层，选择深探测曲线会导致最大的误差。

考虑到当测井仪器与地层层理不垂直时引起的大误差，人们开发了三维感应测井仪，它可以测量地层倾角和校正电阻率曲线[4]。

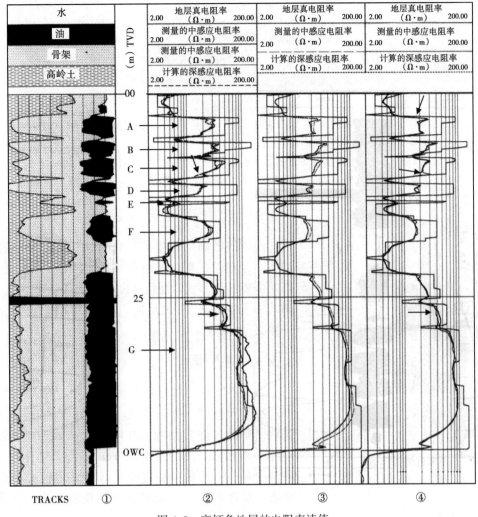

图 4.8　高倾角地层的电阻率读值

倾角为 56°

4.3　测井环境的模拟

考虑到测井环境引起测量值和实际值之间的巨大差异，人们开发了一些校正方案。所有测井公司都有"环境校正"。这些校正是基于对井眼、滤饼、侵入带和邻层的模拟，使测量值更接近真值。

4.3.1　井眼模型

为了进行有效的井眼校正，需要收集井眼的形状、大小和特性等信息。此外，也必须知道测井仪器在井眼的定位（居中、偏心、有间距）；知道钻井液性能（电阻率、密度和化学成分）也很关键（图 4.9）。

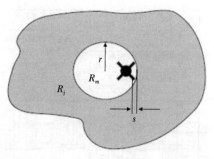

图 4.9　井眼校正模型。标注了描述井眼的一些参数（据斯伦贝谢公司）
R_m—钻井液电阻率；R_j—侵入带电阻率；S—仪器与井壁的间距；r—井眼半径

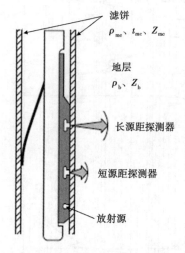

图 4.10　密度测井模型，脊肋图方法源于此（据 D Ellis、J Singer）

4.3.2　滤饼模型：脊肋图

滤饼的影响是通过"脊肋图"的方法校正的。当滤饼不存在时，则主要测量到地层密度。校正滤饼的影响需要五个参数：滤饼密度 ρ_{mc}、滤饼厚度 t_{mc}、滤饼平均原子序数 Z_{mc}、地层体积密度 ρ_b 和地层平均原子序数 Z_b，如图 4.10 所示。

4.3.3　侵入模型

除在不同探测深度进行测量以外，侵入校正也需要选择侵入模型。图 4.11 显示三种可能的校正方案。这些模型引入许多参数。在阶梯式侵入剖面情况下，有三个未知数：冲洗带电阻率 R_{xo}、地层电阻率 R_t 和冲洗带半径 r_1。在斜坡式侵入剖面情况下，又多一个参数。在环形侵入剖面情况下，则需解出五个参数：R_t、R_{xo}、环形侵入带电阻率 R_{am}、r_1 和侵入带半径 r_2。

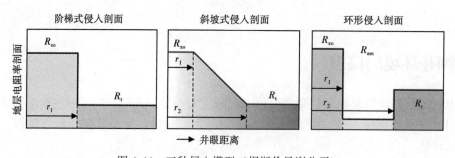

图 4.11　三种侵入模型（据斯伦贝谢公司）

4.4　环境模型的局限性

大多数环境校正模型很简单。实际情况可能与模型不匹配。例如，密度校正模型（图 4.10）假设井眼表面光滑。图 4.12 展示了两种密度测井曲线，一条是在钻井时获取的，另一条是钻井后通过电缆测井测得的。随钻测井（LWD）受到环境强烈影响。右侧的校正曲线显示很大的变化。密度测井曲线本身也有大的波动，幅度达 $0.3g/cm^3$，无法定量使用。钻孔后测得的井径曲线解释了问题的症结。井眼直径在短距离内就有 1in 的变化。密度测井仪的探头无法贴近地层，如图 4.13 所示。为什么电缆测井的密度受影响小呢？这是因为电缆测井的感应器安装在短极板上，能够追踪复杂的井眼形状。这并不总是如此，有些井眼形状可能更有利于 LWD，而不利于电缆测井测量。

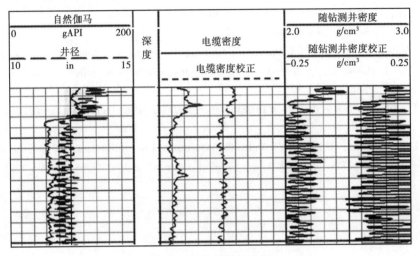

图 4.12　密度测井示例

密度测井算法所采用的井眼模型与现实不符。电缆测井的密度未受影响。井径测量是
钻孔后测得的。第 3 道中，密度曲线在左边，密度校正曲线在右边

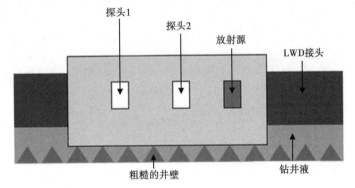

图 4.13　探头位置示意图

现实与用于密度校正的模型不符。井眼形状与随钻测井仪器探头的间距不匹配

4.5　小结

（1）测井仪器不只探测到目的层。

（2）在裸眼井中，测井受井眼、侵入以及邻层的影响。

（3）在套管井中，测井受油管、套管、水泥环以及各类生产流体的影响。

（4）采用环境模拟，可以校正测井读数。

（5）环境模型无法模拟所有的实际情况，同时，也不是所有情况在实际中都会遇到。

参 考 文 献

［1］Flaum, C., Theys, P., "Geometrical specifications of logging tools：the need for new standards", SPWLA 32nd annual logging symposium, Midland, 1991.

［2］Fylling, A., Spurlin, J., "Induction simulation, the log analyst's perspective," 11 th European formation evaluation symposium, Oslo, 1988.

［3］Hartmann, R., personal communication.

［4］Wu, P., Barber, T., Homan, D., Wang, G., Johnson, C., Heliot, D., Kumar, A., Ruiz, E., Xu, W., Hayden, R., Jacobsen, S., "Determining formation dip from a fully triaxial induction tool," 51 st annual logging symposium, Perth, 2010.

［5］Barber, T., "Introduction to the Phasor Dual Induction Tool," J. Pet. Tech., 37, N° 10, pp. 1999-1706, 9-1985.

［6］Barber, T. and Rosthal, R., "Using a Multiarray induction tool to achieve logs with minimum environmental effects," paper SPE 22725, 66th SPE annual technical conference and exhibition, Dallas, 1991.

5 测量是不精确和不准确的

5.1 工程因素

在实际工程应用中，数据的获取是一次性的、唯一的、特定的事件。它只发生一次，且不能被完全重复。

即使使用完全相同的地面系统和井下设备，不同的现场工程师获取的测量结果也会稍有差异。如果使用具有相似物理原理与结构的不同仪器，可能会得到不同的测量结果，两家测井公司在同一口井的测量结果也会不同，即使同一个工程师使用相同的设备测量同一地层，两次的测量结果也不尽相同。通过对比同一口井重复测量结果，这一点便显而易见了。

所有的测量值都会偏离真值。真值与实测值之间的差异，即不确定度需要进行量化分析，如果做不到这一点，那么至少要给出一个估计。

5.2 一些定义

5.2.1 学术定义[1]

（1）真值：n 次独立试验的平均值，n 趋于无穷大。

（2）测量值的不确定度：对被测量的真值在某量值范围的评定。测量不确定度是误差可能值（或量值可能范围）的测度，表征所引用的测量结果代表被测量真值的程度。

（3）观测误差：测量值和真值之间的差异，主要包括系统误差与随机误差。观测误差不等同于错误，一定的变化性是被测量的固有属性。

（4）测量的准确度：测量的结果相对于被测量真值的偏离程度。其大小取决于对系统误差的控制。

（5）测量的精度：对同一被测量事物，采用相同测量方法获得测量值之间的接近程度，其大小取决于对随机误差的控制。

（6）可重复性：在相同测量方法、相同观测者、相同测量仪器、相同场所、相同工作条件和短时期内，对同一被测量事物连续测量所得结果之间的一致程度。

（7）可重现性：同一被测量事物采用相同测量方法得到测量结果之间的一致性。测量可能使用不同的设备和由不同人员完成。

图 5.1 表示真值和测量值之间的关系。图 5.2 显示准确度和精度并无联系。不准确但精确和不精确但准确，都是可能的数据类型。

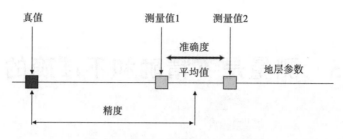

图 5.1　准确度和精度的图形表示

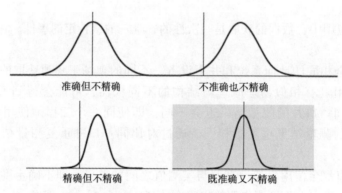

图 5.2　精度和准确度

竖线表示真值，加粗曲线代表了测量值的概率分布

5.2.2　关于误差的一些实际考虑

真值、测量值、误差、准确度和精度之间肯定存在理解上的混淆。表 5.1 列出了不同类型的误差以及对控制方法，以减少这些混淆。

表 5.1　误差类型以及控制方法

误差类型	控制方法
随机误差	精度控制
系统误差	准确度控制
失误	数据质量控制
除伪造之外所有的误差	不确定度管理
伪造、捏造、隐藏问题	诚信政策控制

真值和测量值之间的差异是各种误差的累积。获取高质量数据的过程也是消除各种误差的过程，一旦能正确认识这些误差，也就能很好地理解测量值与真值之间的差异。

（1）随机误差是一个统计学定义。随机误差不可避免，但通过多次重复试验，可以量化评价，这也是可重复性能被量化评价的原因。同一深度范围内多次测量数据的标准差就是随机误差的一个极好的指标。

（2）系统误差往往保持不变。在不确定是否存在系统误差时，很难进行校正，但一旦确定存在系统误差，则完全可以进行补偿或校正。准确度，也就是测量值相对真值的贴近程度，可以通过经验，或者在不同测量环境（不同人员，不同仪器）下多次测量进行评估。

28

可重现性就是准确度的一个很好的评价指标。

（3）失误，或者不由自主的人为错误，可以通过严格审查数据来发现。数据采集人的详尽完整的报告可以突出数据的不一致性，对失误的识别是非常有帮助的。

（4）人为错误指故意伪造结果，因此很难被察觉与发现，如调整数据而没有相应的报告，或掩藏数据采集环境。然而，对于复杂的数据体，很难篡改数据，但仍保持数据体的前后一致。例如，如果修改了刻度的日期，但刻度系数必须遵循某些与仪器的物理原理有关的趋势。伪造一个可信的刻度结果只会比进行单纯的刻度本身更为困难。无论如何，通过实行严格的监督政策可以有效减少人为错误❶。

5.2.3 误差的叠加

误差通常可以被以二次方的方式相加。例如，如果有两个误差 δ_1 和 δ_2，总的误差为 $\Delta\varepsilon$，它们之间有如下的关系：

$$\Delta\varepsilon^2 = \delta_1^2 + \delta_2^2$$

这是什么意思呢？如果 M 是某个岩石参数的真值，那么所有的实测值 m_1，m_2，m_3，…，都将落入下面的区间❷：

$$M-\Delta\varepsilon \text{ 和 } M+\Delta\varepsilon$$

在实际操作上，由于 M 不可知，可以使用略微不同的方法。从实测值出发，取它们的平均值 m_a，可以在一定程度认为真值 M 是位于如下区间：

$$m_a-\Delta\varepsilon \text{ 和 } m_a+\Delta\varepsilon$$

如果只考虑系统误差 ε_s 和随机误差 ε_r，并假设平均实测值是 m_a，那么 M 与它们的关系是：

$$m_a-\sqrt{\varepsilon_s^2+\varepsilon_r^2}<M<m_a+\sqrt{\varepsilon_s^2+\varepsilon_r^2}$$

5.3 会影响精度的因素

精度用于控制随机误差，它随测井速度、采样率、滤波机理和传感器技术而变化。

5.3.1 测井速度和采样率

精度跟测量所耗费的时间有关。测量时间越长，精度越高，在井下环境中，同一块岩石的测量时间越长，测量精度越高。当从测井速度或钻井速度的角度来考虑时，这意味着更慢会更好。如果将测井速度或钻井速度降低一半，测量的数据精度就会提高 $\sqrt{2}$ 倍。反过来说如果速度加倍将会导致数据精度会降低 $\sqrt{2}$ 倍，见表 5.2、表 5.3。

---

❶　详见第 17 章。

❷　实际上，由概率方法可知，如果数据遵从正态分布，实测值有 68.3% 的概率会位于 $M-\Delta\varepsilon$ 和 $M+\Delta\varepsilon$ 之间[2]。

表 5. 2　精度与测井速度的关系

测井速度（ft/h）	孔隙度的精度（pu）
900	$2/\sqrt{2}$（1.414）
1800	2（2.000）
3600	$2\sqrt{2}$（2.828）

表 5. 3　精度与钻井速度的关系

钻井速度（ft/h）	孔隙度的精度（pu）
50	$2/\sqrt{2}$（1.414）
100	2（2.000）
200	$2\sqrt{2}$（2.828）

5. 3. 2　滤波

当岩层较厚且均匀时，合理的做法是平均几个连续测量的结果，平均值比单独测量结果更加准确。如果岩层较薄，由于测量值在竖直方向上没有足够的分辨率，它们的平均值就不能用来代表整个岩层。测井行业使用了大量的数据滤波和信号处理法。滤波本身既不能说是好也不能说是坏，但是它们需要被仔细记录下来。

5. 3. 3　技术/工艺

传感器技术的提高有助于获得更好的精确度。两种仪器即使使用相同的测井速度、相同的数据采样频率和相同的滤波方案，也将会导致不同的精度。有较高计数率的仪器将提供更好的精度。遗憾的是，技术的改进常常被用于提高测井速度，而不是提高精度。

图 5. 3 表示了两种测井仪器的精度。PGT 是第一种商业化的密度测井仪器，LDT 在 20 世纪 80 年代初被用于现场。由于传感器的改进，LDT 具有更好的精度。值得注意的是，测量精度随着被测量的密度而变化。低密度地层的测量精度高于高密度地层。从这个意义上来

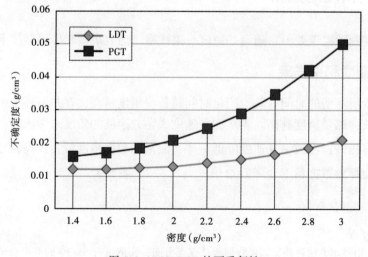

图 5. 3　PGT/LDT 的可重复性

说，如果测得的岩石密度相对于它们的标准值有较大的偏离，如硬石膏（$\rho = 2.98\mathrm{g/cm^3}$）和盐（$\rho = 2.04\mathrm{g/cm^3}$），那么这种误差对于密度大的岩石更容易被人接受。

5.4 影响准确度的因素

准确度量化真值和测量值之间的差异。由于真值是不可知的，所以可以使用更为实际的准确度的第二个定义，也就是系统误差的控制。有可能会影响测井的潜在的系统误差有：

（1）由测井响应处理导致的误差。

（2）由不同测井仪器差异导致的误差。

（3）由井眼环境引起的错误。

（4）由关于环境的假设所引起的误差。

5.4.1 仪器响应

如第 3 章所述，测井仪器不直接测量岩层。原始数据被收集的同时，必须在原始数据和可用数据之间建立一个算法。多种技术被用于处理测井响应，但都会引入误差。例如，对每一个可能值都要求有试验模块与之对应是不太可能的。因此，伴有一定误差的插值是必需的。

5.4.2 仪器刻度

一旦一定数量的样机经过响应定义与测试，便会被大量推广应用。然而，这些大规模使用的仪器并不是原型机的精确克隆，即使指标定义到 1/10in 或 1/10mm，仪器几何尺寸的不同仍是不可避免的。传感器的工作效率也会不同，测井中使用的发射源（γ 射线、中子源）也不可能完全一样。

这些差异的影响主要通过仪器刻度来消除，这些刻度主要在井场完成，或者在专门的刻度中心。当然刻度也不可能是完美的，也会引起系统误差。

5.4.3 环境校正和环境模型

钻井环境的影响已在第 4 章描述过了。两种情况可能会发生：

（1）环境能被一些辅助设备或测量所描述。比如，当一个卡钳可供使用的时候，或者当一位钻井液工程师对钻井液组合物和特性进行了详细说明的时候。在这些条件下，如果合适的环境校正方法已被证实，就有可能校正由井眼环境引起的误差。由于校正输入的也是测量值，所以误差从这些辅助测量值被传播到主要测量值。

（2）缺乏井眼环境的定量描述信息。在这种情况下不能进行校正。经验丰富的测井分析师很清楚，井眼环境信息的缺乏会导致难以被量化的不确定度。他们在进行测井数据解释的时候会考虑到这些因素。

环境校正往往只能在有限的条件下进行，这种校正对应着对实际环境的简化建模，环境模型需要贴近实际的情况下进行合理的简化，否则将会产生较大的误差。

5.4.4 环境影响

表 5.4 列出了环境影响的类型以及他们产生的条件。

表 5.4　环境影响

类型	条　件
井眼尺寸	超标钻头尺寸、台阶和键槽
井眼形状	井眼呈椭圆形、粗糙度、柠檬形
井眼轨迹	视倾角、狗腿度、较差的稳定器或传感器接触不好
钻井液成分	油基钻井液，钻井液固体颗粒：对密度的影响，钻井液中的钾：对 γ 射线的影响，重晶石：对密度和岩性密度 Pe 的影响
钻井液分布	沿垂直深度（TVD）的非均匀分布、重力分离；侵入对高倾斜度井眼，侵入并不以井眼轴线为对称轴；侵入形状
温度	可能不遵循一个特定的梯度；随岩石的热传导率而变化

5.5　重复测量

前文中描述的准确度和精度可通过模型和实验来估算，这些过程中利用了许多假设。有一个更简单和更具代表性的方式可以用来了解数据的变化：进行多次测量。

（1）该方法主要是观察在相同条件下主测量值与重复测量值之间是否存在较大差异。这与人们在实验室中的操纵本质是一样的，所有的医学检验（血液和尿液）都至少测试两次，以保证其一致性。

（2）对于同一岩层，但使用不同的测井仪器。这是一个可重复的测试。

5.5.1　重复数据采集的历史意义

历史上第一次重复测量是在荷兰的 Mekel 博士的要求下进行的。

5.5.2　作为顿悟的重复测量

对于同一物理参数获得两条不同的曲线是一个令人沮丧却又有用的过程。初学者能很快得到的事实是：相对于真值，实际上没有两次测量结果是相同的，测量值的可变性需要加以管理和控制。用于描述相同岩石特征的信息源之间缺乏一致性，而这也往往是投入精力与实践来建立更准确模型，缩小测量误差的好机会。

5.5.3　重复部分

对于大多数数据供应商，在有限的深度区间进行重复测量一直是一个标准作业流程。不幸的是，这些有价值的信息往往不能被很好地使用。重复区间可以在最终结果的图形部分上被看到。有时主测值和重复测值曲线会被放在一起，并通过区域阴影来凸显它们之间的主要差异（图 5.4）。但是，往往很难找到重复测值的电子记录版本。通过比较主测值和重复测值的数值差异（一些深度匹配可能是必要的，以补偿测井仪器的不规则运动），测井的精确度是有可能被量化的，这种量化是现场条件下获得的，是针对该井和该测井仪器的。

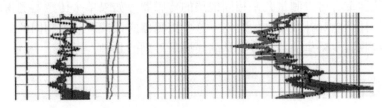

图 5.4　重复分析示意图

在图中的两条曲线道上，主测值和重复测值绘在一起。灰色代表测值重复差的层段

5.5.4　重复部分的潜在问题

为了从几次测量中获得基本一致的测量值，有两个条件是必要的：

（1）在两次测量中观察到的是同一岩石（或套管）。如果测量只是扫描了岩层的有限的部分，此条件就没有被满足。如果安装在极板上的传感器观测范围不足井眼圆周的20%，当仪器在井下旋转时，两次测量通过的路径可能不完全相同，这其中涉及测量方位的可重复性。

（2）岩层的特性不应该随时间而变化。在随钻测井中，因为钻井是一个动态过程，所以此条件没有被满足。由于钻井液侵入的结果，岩石的电阻率变化了。在随钻测井中，重复测量结果需要有与常规测井不同的解释方法。参考文献［3］解释了如何优化使用拥有重复测值的岩层。

5.5.5　同步测量

由于考虑到传感器难以一直将测量的重点放在感兴趣的地层，数据采集公司已经开发出可以同步多次测量的仪器。分析多传感器传送的数据类似于分析重复测量获得的数据。由于不同探测器探测体积不同，给出的测量结果也会不同，但不同探测器测量结果之间应该存在相关性。不同曲线的变化规律可以便于数据质量控制。

这种方法很适用于随钻测井。有时可能只有一个探测体积有限的传感器。但是，由于钻杆的旋转，获得了性质相近的岩石的多次测量结果（除非地层物理参数方位连续性差）。图5.5显示了从16个不同方位角测量得到的密度图像。

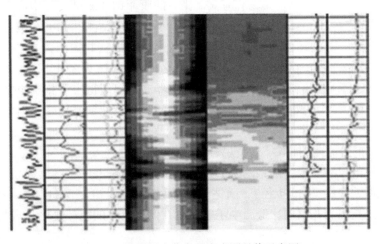

图 5.5　沿不同方位角的密度测量值示意图

由于随钻测井仪器的旋转，获得超过16个不同方位角测量值

一些测井仪器带有可以测量几乎相同地层的传感器。如果单个传感器测得的数据的统计性较差，这种设计就能弥补其带来的缺陷。这些探测器应该读取几乎相同的值。比较由多个传感器或多个接收器所采集的原始数据是曲线质量控制的基础，详见第 16 章。

5.6 可重复性

5.6.1 历史回顾

在早期测井历史中，采用不同测井仪器测量同一地层参数（电阻率）是很常见的（图5.6）。他们产生了不同的测井曲线。堪萨斯型探测器测得的电阻率要比俄克拉荷马型探测器高一些[4]。

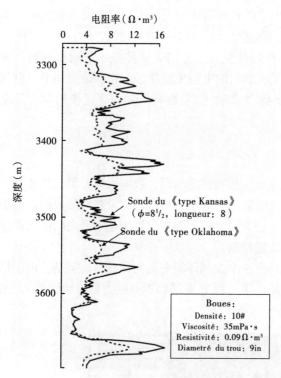

图 5.6　不同的曲线源于不同的电极结构
（据 MIT 出版社）
这个早期测井曲线的辅助信息用的是法语。
电阻率单位用的是 $\Omega \cdot m^3$，这是不正确的

如果使用两种不同的仪器获得的两条测井曲线显著不同，很容易得出这样的结论：没有一种仪器给出了真实的电阻率，为了解岩层的真实属性，进一步的努力是必须的。

5.6.2　重复性测试

在 20 世纪 70 年代，大型石油公司进行了广泛的重复性测试。在相同的钻井层位使用了多达 5 组不同（但属同一类型）的测井设备。但大多数的测试结果仍处在保密状态。

在 20 世纪 80 年代中期，多个数据采集公司和石油公司联合成立了的一个项目组，其工作是在美国俄克拉荷马州纽柯克的康菲钻井测试设备中心钻新井，然后马上比较随钻测井和电缆测井，并分析新近推出的核磁共振测井方法。5 个随钻测井公司在测试设备上安装了他们的测井仪器。该组织得出了相当丰富的信息。可惜的是，正如预测，该数据体相当庞大，并没有被完全分析。此外，该井没有产出！

这里从测试报告[5,6]中抽取了三个观察结论：

（1）对于标准尺寸井眼，随钻测井的密度读数比电缆测井的密度读数高（表 5.5 ）。

（2）对于冲蚀井眼（1in 扩径），随钻测井密度倾向于读取较低的数值（图 5.7）。

（3）相对于高温测井仪器，低温中子电缆测井值有较小的统计变化（或更好的重复性）（图 5.8 ）。

表 5.5　对于标准尺寸井眼，由随钻测井和电缆测井所观测到的密度是不同的（据 SPE）

公司	石灰岩		砂岩		所有岩性		cc
	Δ	σ	Δ	σ	Δ	σ	
甲公司	−0.040	0.037	−0.033	0.027	−0.030	0.032	0.96
乙公司	−0.022	0.028	−0.034	0.050	−0.011	0.035	0.95
丙公司	−0.050	0.041	−0.158	0.065	−0.056	0.077	0.85
丙公司（未加稳定器）	−0.015	0.073	−0.037	0.071	−0.015	0.092	0.72

注：无论岩性如何，随钻测井密度总是比电缆测井密度高。Δ 是电缆测井减去随钻测井密度差的平均值，σ 是标准差，cc 是相关系数。

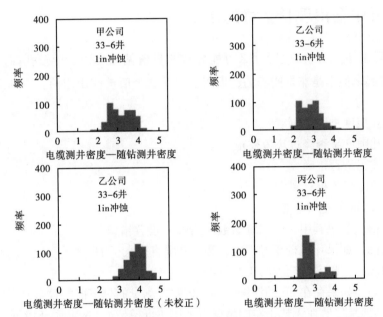

图 5.7　在冲蚀井段，随钻测井密度和电缆测井密度不同。无论岩性如何，
随钻测井密度多半低于电缆测井密度（据 SPE）

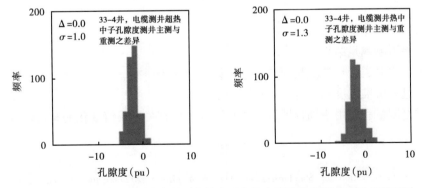

图 5.8　在主测井和重复测井之间，超热中子和热中子孔隙度测井仪测量的不同。
热中子仪器测量值的标准差较大（据 SPE）

5.6.3　近期的可重现性研究

　　不同于先前试着理解来源不同的数据，最近的趋势是要避免由于在同一岩层存在多个值而产生的混淆。尽管重复测井是地层信息的重要补充，但一些石油公司禁止测井工程师进行重复测井。反常读数很少被再研究。在某些极端的例子中，实时随钻测井数据直接进入了石油公司的数据库，以至于阻止了其他数据的使用。例如，存储数据的使用，尽管存储数据更便于追踪，也更可靠。

　　此外，尚未有任何一个近期的规范文件包括了由数据采集公司执行的可重现性测井试验。

5.7　在测井中会出现什么样的错误

　　以中子孔隙度 ϕ_n 为例，说明什么可能导致测量值偏离真值。中子孔隙度测量给出了 27.34pu。这看起来似乎是非常明确的。事实上，在这个值被使用之前，下列问题都必须被回答：

　　（1）中子孔隙度是否被刻度？
　　（2）中子孔隙度是否经过环境校正？
　　（3）这个校正是否正确？
　　（4）仪器的探测体积有多大？
　　孔隙度为 27.34pu 也可能是：
　　——23.14pu，如果其中一个系统参数（岩性）设置错误。
　　——21.84pu，如果环境校正过程中，测量井眼直径大了 1in。
　　——28.34pu，如果室外刻度时正在下雨。
　　——15.67pu，如果存在 8ft 的深度偏移，传感器测量的是下面的致密砂岩。
　　——35pu，如果仪器在无扶正器的情况下工作在直径超过 8in 井眼环境下。

5.8　小结

　　（1）所有的测量值都与真值不同。
　　（2）误差影响测量结果。
　　（3）误差主要类型包括随机误差、系统误差和人为误差。
　　（4）通过分析准确度和精度可以将不确定度量化。
　　（5）重复测量和使用不同仪器进行测量可以带来有关测量值变化的有用信息。

参 考 文 献

[1] Intemational Organization for Standardization, *Qualitv assurance requirements for measuring equipment ISO* 10012, Genève, 1992.

[2] Theys, P., *Log data acquisition and quality control*, Éditions Technip.

[3] Theys, P., "A serious look at repeat sections," 35th SPWLA annual logging symposium, Dallas, 1994.

[4] Bowker. G., *Science on the run*, *information management and industrial geophysics at Schlum-beiger*, 1920-

1940, The MIT Press, 1994.

[5] Hutchinson, M. W., "Measurements while and after drilling by multiple service companies through upper carboniferous formation at a borehole test facility, Kay county, Oklahoma," paper IADC/SPE 19969, Houston, 1990.

[6] Hutchinson, M. W., "ComDarison of MWD, wireline and core data from a borehole test facility," paper SPE 22735, 66th annual convention, Dallas, 1991.

6 测量如何受限于人类自身的偏见

对于一个成功的技术来说，必须把现实优先于公共关系来考虑，因为大自然是不可能被愚弄的。

——理查德·费曼

6.1 引言

石油工业不可能改变测井仪器与测井过程中的物理局限，但却可以大大减少与纠正测量过程中的人为因素。

据报道，油井数据受人为误差的影响不大[1]。

有两个技术创新很重要，因为它们提供了客观的非解释性数据：

传感器放置于电缆末端，被送进油井来测量岩石性质。电缆测井已经为人熟知，它们几乎被使用到所有的油井，是非常丰富的数据来源。

声波在地表发射并被地下岩层反射回地表，可以产生地下岩层的剖面图。这些剖面图有点类似于在医生办公室使用的声像图。

作为确认，参考文献［2］提到，有时候测井传感器可能会提供低劣的测量数据，但它们从来不会故意撒谎。

虽然传感器不会说谎，测井数据仍可能有误差。这源自测井的早期历史中，正如文献［3］所提及：一个钻井合同商贿赂了两个斯伦贝谢公司的工程师，目的是让他们提交一份报告来说明没有发现油藏，因为如果成功发现油藏可能会让他失去工作。

6.2 数据的正确性

6.2.1 举例

下面的例子都是真实的，但为了保护人和企业，没有给出具体细节。

（1）随钻测井深度被随意调整为钻井人员的钻杆记录，即使明知放入井中的钻杆顺序可能已经被误报。

（2）测井电缆深度被匹配到钻井人员的深度，尽管它们是用两种不同的方法测量的。

（3）从随钻测井工程师到定向钻井人员的井眼轨迹数据转移仍然使用"手动"方式。这将可能会让一些令人感觉不好的狗腿度井眼轨迹记录被故意遗漏掉，因为这些坏的记录会让定向钻井人员不能获得奖金。

（4）地质工作人员有基于孔隙度的财务目标：较高的孔隙度会获得较高的奖金。所以他们选择数据采集公司的标准是谁能将已经测得的孔隙度数据（不准确地）读得偏高。

（5）一个技术团队耗费数月时间评估一些潜在的项目，但是管理层武断地提高了结果，幅度高达 50%。

（6）随钻测井的电阻率曲线上的尖峰被剪掉了，原因是觉得它们没用。不幸的是，石油公司正期望看到这些与低孔隙度有关的电阻率曲线尖峰。

（7）测井曲线看起来光滑漂亮，因为对数据进行了大量的过滤波。

（8）在同一层位，两个伽马射线测井仪器获得了不同的测值。这可能是由一些合理的原因引起的，比如钻井液成分的改变、井径的扩大。但是，为了减少数据使用者的好奇，其中的一条伽马测井曲线被改变大小，使之与另一条曲线几乎相同。

6.2.2　数据误差的产生

（1）原始数据。

传感器和电子线路不懂经济学和利润。它们产生无误差的数据。

（2）经过刻度的数据。

因为主刻度系数（增益和平移）一般不会被工程师或数据用户接触到，经过刻度的数据大多是无误差的。但是，刻度记录是可以被篡改的。另一个常见的例子是在套管鞋处改变井径测量的偏移量。

（3）主曲线。

最终的主曲线都要经过各种不同程度的处理。它们受人为干预的影响。一些例子将在后面的章节解释。

（4）环境校正控制。

在大多数情况下，现场工程师可以选择做某些校正而不做其他校正。见表 6.1，这样做对最终被处理过的曲线有很大的影响。一个工程师可以通过使用温度和压力校正而不使用偏距校正，获得 25pu 的孔隙度。

表 6.1　从相同的原始数据获得不同孔隙度

数值	校正量	例 1	例 2
原始值		20	20
温度	4	Y	N
井内液体矿化度	1	Y	N
偏距	−2	N	Y
总校正		5	−2
校正后的值		25	18

（5）解释结果。

测井解释会产生额外的误差。石油公司实际上更喜欢听到好消息，即使这与事实不完全相符。

在测井解释中有很多机会将数据偏向所期待的方向。水泥胶结测井是这样的一个例子。声波振幅曲线用来反应水泥胶结情况，此信息没有误差。但是，由于需要根据合适的套管尺寸和套管重量进行振幅转换，测井公司引进水泥胶结指数代表转换后结果。这种转换可以被现场工程师修改，使最终的曲线给出更乐观的指数，这意味着更好的水泥胶结状况。

6.3 数据采集公司的性质

石油行业认为数据采集公司就是服务公司，这个事实使得数据的误差更为恶化。它们是真的吗？

6.3.1 服务活动的属性

"服务"是一个以客户为导向的"结果"，是当一个组织执行面向满足客户期望的活动时产生的结果。服务的主要属性可以描述为[4]：

（1）无形。服务不能被看到、被接触到、被闻到等，不需要进行存储。因为很难概念化，"服务"的营销需要有创意的前瞻性，以有效地使无形的东西变得更具体。

（2）易逝。服务是易逝的。未售出的服务时间为"损失"，即不能被恢复。其他服务的例子是飞机座位（一旦飞机起飞，这些空座位就不能再被出售），还有剧院座位（演出前几分钟就不再售票）。

（3）缺乏可运输性。服务必须在生产点被消费。

（4）缺乏同质性。服务通常需要针对每个用户或每种新的情况做出调整。它往往是高度客户化。大规模生产服务是非常困难的，可以被看作是质量不稳定的问题。涉及提供服务的输入和输出的过程是高度可变的，因为这些过程之间的关系使得它难以保持稳定的质量。

（5）劳动密集度。

（6）缺乏过程的一致性。服务通常涉及相当多人的活动，而不是精确确定的过程。在服务行业，人的因素往往是成功的关键。

（7）买家参与。大多数服务条款要求客户和供应商之间的互动程度很高。

只有第5项适合于对测井公司活动的描述。

（1）测井资料是非常具体的，可以触摸得到的。在1980年以前，测井数据是输出到胶片上，然后用特殊的仪器加上氨水打印出来，因此，测井资料散发出氨水的气味。

（2）工业界付出巨大努力保护数据不丢失。数据的保存肯定是石油企业的一个关注点。

（3）测井记录可以在极短的时间内被传输到世界各地。

（4）数据产品需要保持一致和稳定，以便使用。

（5）如后面将要看到的，为保持数据的完整性，买方参与应该尽可能少。

总之，测井公司不具备服务公司的属性，更适合叫"数据采集公司"。

6.3.2 零缺陷、零疼痛

对于一个活动是以产品还是以服务为导向的另一项测试是去检查它是否产生了总的客户满意度，也就是零疼痛❶。

（1）服务人员，有时测井工程师也被这样称呼，正在把他们那份痛苦带给石油公司，他们需要直升机将其送上海上钻井平台，并提供食宿。

（2）在钻井人员看来，测井作业似乎总是需要太长的时间。

（3）仪器刻度和重复测井需要时间。这往往被视为浪费时间或非生产时间，尽管这是

---

❶ 生产一件产品的质量目标是零缺陷。Jacques Horkowitz 将它称为零骚扰[5]。

验证数据是否有效的唯一途径。

（4）测井仪器可能需要使用钻井人员不喜欢的辅助设备。例如，随钻密度测井需要在钻杆上安装一个稳定器。感应和中子电缆测井仪器需要偏心器。

根据零疼痛标准，测井公司不能算作服务公司。

6.3.3 "带来坏消息"是测井公司的一项重要而艰巨的责任

对于石油公司来说，更重要甚至更痛苦的是数据公司有时会带来坏消息。在许多情况下，准确的信息并不会让油气公司高兴[6]。

（1）在大约5/6的初探井中，测井工程师提供的数据说某井是空井，不应该被钻。

（2）钻井工程师本来希望有一个很好的、圆形的、标准尺寸的井眼，可井径测井结果却说该井比钻头大几个英寸。

（3）水泥胶结测井表明，尽管已注入大量的水泥，却仍然没有液压完整性。

（4）孔隙度测井显示，目标储层并没有预期那样好的质量。

（5）井斜测量显示，原本以为完美的井轨迹有很多段呈一定的狗腿度。

（6）另一个井斜测量确认已经钻到了相邻租赁区的储层。

（7）辅助传感器表明，在主测井曲线达到可用水平之前需要进行多重和复杂的校正。

在收集资料的工作中，技术完整性远比传递好消息更重要。提供准确的坏消息要比提供不准确的好消息好。

（1）较早收集的坏消息可以让油气公司及时采取补救措施。

（2）规划水泥注入。

（3）早期堵塞和废弃一口干井可以减少浪费在做测试上的费用。

（4）一口蜿蜒曲折的井可以在套管遇卡之前得到及时修正。

（5）在相关环境参数采集之后的全面信息校正可以使一套数据适于用作定量评价。

（6）劣质数据的早期识别可以警告用户不要基于该数据做出决定。

在任何情况下，对测井工程师工作表现的评价，不能根据其是否能采集到与油气公司预期一致的测井数据。当然，及时地传递正确的信息更为重要。

6.3.4 从产品质量到服务质量的历史转变

在20世纪初期，勘探方法是低端的。钻井，只是在陆地上，并不昂贵。数据本身被强调得更多。获得有用的信息优先于采集信息的时间。一个现场工程师在20世纪30年代报道[3]：

我们有机会在钻探现场改变钻井液的含盐量，得到的结果完全证实了电化学理论。该研究地点有三口井，其中两口井用海水钻，而第三口井使用自身岩层中的水。

一直到20世纪50年代，测井作业时间都不是问题。测井仪器失效的次数远远多于现在，现场工程师会在钻架旁使用钻井时间修复它们。信息被认为是至关重要的，测井作业可以持续数日，直到获得完整的数据。

服务质量和成果交付（过程和时间）的重要性源自射孔作业。在20世纪40年代后期，不同的公司都是从同一个供应商购买射孔弹。在具有高度竞争性的委内瑞拉Maracaibo湖，各家公司努力使自己与众不同，并通过优化作业时间来做到这一点。在现场工程师进行作业时，石油公司使用计时器。"套管上的射孔"被视为一种商品。数年后射孔深度、井壁堵塞和所射孔的流体流动效率才进行了量化和评估，现在已被认为是质量评估的组成部分。

成果交付时间作为质量评估的主要部分，有其优势，它简单易懂，越短越好。尽管石油工业的产品已经变得更复杂、更尖端和更重要，它仍然是评价产品供应商的重要方面。

6.4　石油公司的不利因素

6.4.1　汇报问题时的偏差

这种现象并不是单单针对石油工业和供应商。试图取悦客户或管理人员是人类天生的倾向。人们很自然地不情愿带来"坏消息"。当奖金或其他物质刺激牵涉其中时，就会出现金融偏差。期望因此变成了一块磁铁，其结果是现实被忽略。供应商很少展示一个失败的过程，尤其是当它是复杂的，很难理解或评估的时候。这些失败几年后可能才被认识到。

产品制造商、钻井人员、数据采集工程师、数据解释人员对于其产品质量都有精准的认识。尽管如此，对于客户不显而易见或不容易被解释的问题，他们不可能自发报告它。

更糟的是，工作压力过大的供应商却每每可以工作得很顺利并能提供很好的产品。如果产品不符合客户的预期，供应商就可能会有意识去匹配这种期望，以便避免后续冗长的讨论。大多数数据采集公司的经理一再要求现场工程师只把令客户满意的信息带给客户。现场工程师抱怨说，每次测到干井时，客户就会认为他们的工作很糟糕，他们的数据产品有缺陷。

6.4.2　选择最合适的信息

在许多情况下，做出的决定是基于客户或管理层的预期，而不是科学的或符合逻辑的理由。有时候，交付的产品带有几个选项时，绝大多数时候所选择的选项都是和预期一致的那个，而不是在技术和科学上最说得通的那个。

地层电阻率就是这样一个例子。供应商交付多条具有不同分辨率的电阻率曲线，这些曲线受仪器设计与物理原理的限制，然而，最终被选取的曲线通常是因为它符合对该地层电阻率先前的期望。

期望会带来负面影响的另一个例子是当几个产品涉及同一储层特征时。来自一个供应商的岩心描述和分析往往和另一个供应商解释的数据并存。因为岩心是客观的物理存在，因此被认为比其他任何产品都更为可信。解释人员开发出来的模型，使得测井解释的数据能紧密地匹配岩心描述。许多解释人员通过在岩层中加入微量元素来获得这样的匹配。而事实上，这种差异可以通过测井时所测的岩石体积以及测量本身的不确定性来解释。数据采集和解释链是如此复杂，以至于在该过程中，总有那么一个步骤，可被用于往预期的方向上调整数据。这个步骤可以是一个数据修正、数据滤波，或是解释参数的合理选择。

6.4.3　石油公司可能会破坏获取正确数据的能力

仪器设计人员了解井眼环境的影响，通常，进行井眼补偿的唯一方法是在测井仪器上安装特别定位装置。石油公司很不喜欢在钻井现场增加这些装置。有可能发生的情况是，因为油公司的决定，现场工程师被迫放弃使用适当的定位装置。在大多数情况下，这样所产生的数据质量将会大大降低。

6.4.4 同时让几个石油公司满意最终是不太可能的

当涉及几个合作伙伴时，试着让所有人都满意是一个难以企及的目标。期望的多样性使得供应商的产品交付很困难。曾经也发生过，同样的产品被不同的组织使用，但这些组织使用产品时有着完全不同甚至相矛盾的目的。

例如，面向勘探的某公司想看到乐观的储量，以便可以以更好的条件将区块卖掉。致力于生产的公司想看到较为悲观的储量，以便他们能够展示他们如何开发一个平庸的区块。

数据库是工业界的噩梦。企业并购已成为行业的一个明确特征。负责组建单一数据库的数据管理员的任务并不令人羡慕。主要困难是和那些刚刚合并的公司讨论期望与要求。有些企业的文化是期望获得每一个数据，即使是最微妙且不为人理解的数据。而在另外一些公司，情况却完全相反，只希望获得最简单浓缩的数据。

另一个困难是合作者中只有一方与供应商单独接触，其他合作者可能因为自己的期望没有被表达或没有得到满足而感到沮丧。

6.4.5 满足来自石油公司的某些请求可能违法

当油公司代表要求数据测量公司变更数据的时候，会出现一些法律问题。一个良好的记录可能是与安全相关的政府要求。提供模糊或歪曲的信息记录是一种犯罪行为。例如，通过使用一些中间处理参数，从声波数据推导过来的固井指数并不能反应从仪器上读取的数据。如果所钻油井已进入邻近区块，那么销毁该井的定向数据也是不道德的。

6.5 数据的长期使用

总之，大多数油田供应商实际上是在提供产品，而不是服务，如管道、数据、钻好的油井。这些产品都有一个特定的和共同的属性：它们有很长的寿命。它们的使用时间通常比其他任何行业的任何产品都要长。一些20世纪早期的岩心数据今天仍然在使用。第一批测井数据仍然可以被看到，尽管它们已经存在超过80年了，采集那些数据的人都早已不复存在❶！

油井的寿命可能超过一个世纪。即使一口井不再生产，但它仍然在地下，并可能造成混乱。几年前，在美国堪萨斯州中部的一个小镇充斥着神秘的爆炸[7]。天然气在几个地方从地下喷出。两个人死于其中的一次爆炸。幸亏有20世纪60年代的地质记录，该记录发现气体已经从20世纪初钻的盐井中泄漏。气体由一口钻入距离该镇几英里的一个气田的盐层溶洞的老井的套管裂缝中泄漏出来，发生爆炸，并危及城镇的安全。

数据的寿命也非常长久。地球科学数据在勘探、评估、开发、生产和二次/三次采油过程中被反复使用。

这里使用一个已被钻好的油井的例子。它是油公司的关键资产，可用几十年，并可能在之后几十年间造成比在堪萨斯州爆炸事故或更危险的灾难。

（1）油井需要满足大量的需求：其轨迹必须是正确的。如果井轨迹有狗腿度，下套管将是个问题。

---

❶ 关于第一批测井工作者，详见第17章。

（2）如果油井没有钻到正确的构造和油藏位置，未来的产量将不能被优化。

（3）如果油井跨过了合同所规定的租赁线，石油公司将不会被允许使用这口油井进行生产。

（4）如果井眼条件急剧恶化，生产将受到很大的影响并且岩石性质的准确描述可能会成为问题。

然而，人们很少关注数据的要求，石油公司的首要目标仍是尽可能快地钻井。

6.6 小结

（1）数据由于人为干预而有失偏颇。
（2）数据采集公司不是服务公司。
（3）数据采集公司交付的产品将会被使用很多年。
（4）数据是一个产品，而不是一种服务。
（5）获取数据的公司的目标是交付满足质量要求的数据，而不是去迎合数据用户的期望。

参 考 文 献

［1］ Deffeyes, K. S., *Beyond oil, the view from Hubbert's peak*, Hill and Wang, New York. 2005.

［2］ Theys, P., "Le log," *The Log Analyst*, 1995.

［3］ Bowker, G. C., *Science on the run*, MIT Press, Cambridge, 1994.

［4］ Theys, P., "Don't call them service companies," *Hart's E&P*, pp. 11–12, volume 79, n° 04, 4–2006.

［5］ Horowitz, J. and Jurgens-Panak, M., *Total Customer Satisfaction–Lessons from 50 European Companies*, Pitman Publishing, London. 1992.

［6］ Theys, P., " Quality in the oil patch," *Petrophysics*, 2005.

［7］ Allison, M. Lee, Bhattacharya, S., Buchanan, R., Bymes, A., Nissen, S., Watney, L., Xia, J., Young, D., "Natural gas explosion in Hutchinson, Kansas: response to a geologic mystery," paper 2–1, Geological Society of America, North-Central Section–37th Annual Meeting, Kan-sas City, Missouri, 2003.

7 测井数据的复杂性

任何简单的都是错的。任何不简单的都不能使用。

——保罗·瓦乐希（1867—1943）

接下来的两章将阐述在过去 30 年间影响着石油工业的日益增加的复杂性和复杂化。有必要去辨别复杂性和复杂化，以及和它们对应的形容词复杂性的和复杂化之间的差异（表7.1）。复杂性意味着系统和它们的组成是不可知的。这也意味着它们不能被完全认识清楚。复杂化和其相关的复杂因素在付出精力和时间后是可以被认知的。

表 7.1 复杂性和复杂化

复杂性	不简单，不可能被完全认知。太多因素相互影响
复杂化	不简单，但最终可以被认知

尽管自然是具有复杂性的，但用来描述它的测量结果却可以是复杂化的。复杂性的问题可以由复杂化的方案来解决，见表 7.2。

表 7.2 复杂性的情况和复杂化的解决方案

例子	情况	简单的情况	复杂性的情况
		简单的解决	复杂化的解决方案
1	矿物学	一次测量	多次测量
2	定位	简单的扶正器	万向节，等等
3	井轨迹	垂直	倾斜，水平
4	侵入模式	3 个间距	更多间距
5	井况	简单的校正	糙度的处理等

遵循着简短的原则，油田正在找寻尽可能简单的解决方案。不幸的是，这些解决方案往往并不适用于具有复杂性的现实问题。第 7 章讨论不断增加的复杂性，而第 8 章讨论如何处理复杂化。

7.1 测井历史回顾

7.1.1 从德雷克上校到 1980 年

1980 年以前，大多数井为垂直井或带有轻度倾斜的井。井眼轨迹往往具有较大的曲率半径。许多油田，尤其是在中东地区，拥有几乎平坦的岩层。钻井液的种类很少，主要是水基钻井液，膨润土和重晶石是其首选的组成成分。钻井液的侵入形状呈圆柱形，并且其中轴线和井眼的中轴线相重合。目标储层往往较厚。

7.1.2 从20世纪80年代

小曲率半径的大倾斜井与水平井的到来开始于20世纪80年代。研究扩展到新类型的储层。种类繁多的钻井液被引入。很明显，增加的复杂性不是自虐的结果，而是因为非垂直井穿越更多的含油层以及在勘探中可以调查更多的地层（图7.1）。

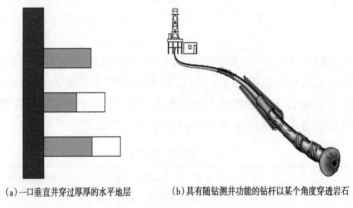

(a)一口垂直井穿过厚厚的水平地层　　　(b)具有随钻测井功能的钻杆以某个角度穿透岩石

图7.1　日益增加的有关井数据采集的复杂性

7.2 井眼轨迹及其形状

7.2.1 水平井

在20世纪80年代已经看到水平钻井量（表7.3）不可抗拒的上升。虽然已经被证明可以提高产量，但在地层评价和数据采集方面，水平井带来了一些特殊的挑战。对于水平井的钻井液侵入方式、仪器定位、井眼尺寸和形状还没有像对垂直井那样研究明白。

表7.3　从垂直到水平的改变：水平井的数量（据 Sperry Sun）

年份	1985	1986	1987	1988	1989	1990	1991	1992	1993	1994	1995
数量（口）	6	40	63	145	270	1063	1325	1475	1625	1765	1950

7.2.2 三维井眼轨迹

除了增加的倾斜度，井眼轨迹不再光滑和规则。由于地质导向，钻井过程中可以让井保持在储层中（图7.2）。这种形状使测井仪器的运动不规律。此外，紧贴井壁的传感器是否能被成功应用并没有保证。

7.2.3 多分支井

早期的井只有一个主干井身。对于多分支井来说，几个分支始于同一个主干井（图7.3）。对于任何一个分支的测量都可能有问题。由于能够提高产量，这种类型的井可能在将来会变得相当普遍。

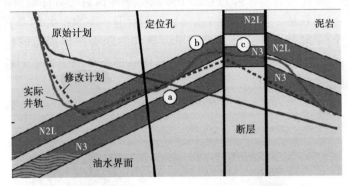

图 7.2 具有高曲率和诸多狗腿度的井眼轨迹

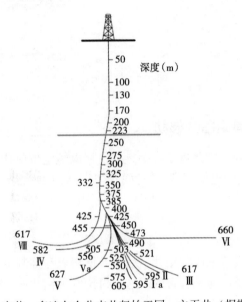

图 7.3 多分支井，多达九个分支井起始于同一主干井（据斯伦贝谢公司）

7.2.4 大直径井眼

为了降低成本，采用小直径钻头的先导孔被大量削减，由地表至深层可能均采用大直径钻头。例如，裸眼井中电缆测井仪器外径为 3~4in，由于仪器距井壁有 1.5in 的偏离间隙，在大直径井眼中仪器难以与地层保持稳定的相对位置，且仪器难以定位，从而使得井眼校正难以精确进行。如图 7.4 所示，仪器在井眼内居中（位置 1），紧贴井壁（位置 2），或在两者之间（位置 3）。井眼校正在位置 1 最大，位置 2 最小，位置 3 居于中间。

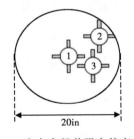

图 7.4 在大直径井眼中偏离井壁的仪器（偏离间隙为 1.5in），其位置不能完全确定，位置 1、位置 2 和位置 3 都有可能

7.2.5 侵入模式

从垂直井到其他不同的井眼轨迹对钻井液侵入模式会产生直接影响。图 7.5（a）显示了垂直井眼的一个水平截面。仪器也正好位于井眼中央。钻井液只占很小的空间，导致了井

眼的影响最小。侵入区呈圆柱形，并且它的中轴线与测井仪器的对称轴线相重合。这种情况下，环境校正很小，而且易于控制。图 7.5（b）显示了一个水平井的垂直剖面。测井仪器作为底部钻具组合的一部分，被安装在钻杆上。钻杆震动会产生螺旋形钻孔（在水平剖面上显示椭圆形）。由于流体分离的影响，侵入带不再呈现简单的圆柱形对称。环境校正即使不是不可能的，也会是很困难的。

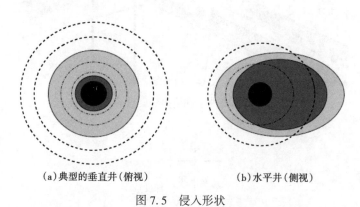

(a)典型的垂直井(俯视)　　　　　(b)水平井(侧视)

图 7.5　侵入形状

7.2.6　测井仪器和钻具组合的移动

对于非垂直井，准确的深度测量是一个挑战。用电缆定位射孔枪或地层测试仪器时，需要做仪器蠕变❶校正。相比较电缆而言，钻杆的蠕变运动更加复杂。

7.3　钻井液成分

可以通过改变钻井液成分来改善钻井，减少井壁坍塌和抑制页岩膨胀。不幸的是，这些改良的钻井液对于测井来说可能是有害的。这里讨论两种钻井液：甲酸铯钻井液和酯基化合物钻井液，对于测井的影响。

7.3.1　甲酸铯钻井液

甲酸铯钻井液被用来减少对近井地层的损害，并且从钻井液密度的角度来说，它们也更稳定。和已知的水基钻井液或油基钻井液比较，甲酸铯钻井液有很大的不同。

表 7.4　甲酸铯钻井液参数

参数	甲酸铯钻井液
Pe（b/e）	199
含氢指数 I_H	0.545
σ	148

这种钻井液对于常用的测井方法的影响必须用实验室研究和核模拟来量化。研究结论[1]发现，测量结果依然可以使用，但是准确度和精度会降低。特别是侵入较深的甲酸铯

---

❶　详见第 15 章。

钻井液会影响电磁测井和核测井，进而掩盖油气的存在。

7.3.2 酯基化合物钻井液

酯基化合物钻井液是一种人工合成酯基钻井液。当它被使用时，人们观察到密度曲线和中子曲线产生异常大的分离，貌似气层显示，而事实上地层并不含气体[2]。在储层压力和温度条件下，最近的实验室测量已经发现，酯基化合物钻井液能吸收气体。根据这个发现，一系列的钻井液侵入模型已经被提出并用来解释在液体储层和气体储层的测井响应。模拟结果表明，很多因素都可以影响钻井液侵入，其中包括钻井液对气体的吸收作用。酯基化合物钻井液令人费解的方面是，它的异常影响没有被系统地观察到。

7.3.3 其他钻井液

最近几年油田引入了许多不同的钻井液类型和成分。大多数情况下，钻井液对于测井的影响尚未被清楚描述。这不同于已经引起相当大关注的前两种钻井液。更多的工作包括通过评估在钻井效率上的收益和在测井准确度和精度上的损失，来说明这些新钻井液的综合经济影响。

7.4 由组合仪器测量引起的复杂性

如果较短的仪器在规则、垂直井眼中的运行容易，较长的仪器在不规则、大斜度井中的运行则不容易。因为较长的仪器会发生弯曲，使得对仪器的定位难以模拟与预测。当定位要求不同的仪器组合在一起，则会更加复杂，比如有可能将在井眼内居中的仪器与需要贴井壁的仪器组合使用。

如果地层性质呈方位性变化，那么携带多个不同间距探测器的长电缆测井仪可能测量到不同的信息（图7.6），该问题已在谐振的研究中探讨过[3]。探测器 A 看到"白色"层位，B 探测到"灰色"层位，而 C 探测到"黑色"层位，三个探测器的不同结果难以解释。

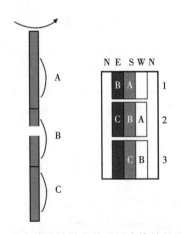

图 7.6 在方位连续性差的地层中旋转的测井仪器

地层由三种岩石构成（黑、灰、白，互呈 120° 角）。三个探测器 A、B、C 排在一条直线上。
当仪器串旋转时，三个探测器看到不同的岩石。例如，在区间 2，探测器 A 看到白色岩石，探测器 B
看到灰色岩石，探测器 C 看到黑色岩石。为了更好地了解地层的构成，可能需要多次测井

7.5 随钻测井中由井眼形状引起的复杂性

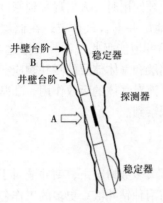

图 7.7 仪器偏离井壁示意图
随钻测井探测器（A）不仅仅受其周围的
井眼形状影响，而且也受扶正器（B）
周围的井眼形状影响

尽管可能看到在给定深度处井眼尺寸和形状对于测井结果的影响，但距离探测器（或接收器）几英尺外的扶正器也可能造成仪器偏离井壁，从而影响测井结果（图 7.7）。

7.6 数据采集的复杂性

相较于用来描述垂直井的数据，用于描述现代井的信息量要多几倍。更复杂意味着需要更多的信息。测井仪器能够通过加速度计和测量到的方向数据（相对方位角、方位角、倾斜角）定位。新奇的钻井液需要被更好地记录以便弄清它们产生的影响。

由于复杂性，测井公司需要更多地与数据用户沟通信息。

7.7 小结

（1）自然界是复杂的。

（2）随着大斜度井和水平井的引进，井变得复杂得多。

（3）复杂性的情况需要复杂化的解决方案。

（4）复杂性需要管理好。它既不能被忽略，也不能被粗糙地简化。

参 考 文 献

[1] Pedersen, B. K., Pedersen E. S., Morriss. S., Constable, M. V, Vissapragada, B., Sibbit. A., Stoller, C., Almasluer, J., Evans M., Shray F., Grau, J., Fordham, E., Minh C. C., Scott, H., McKeon D., "Understanding the effects of Cesium/Potassium formate fluid on well log response–a case study of the Kristin and Kvitebjorn Fields, offshore Norway," paper 103067, SPE annual technical conference and exhibition, San Antonio, 2006.

[2] Badruzzaman, A., Sheffield, A. J., Adeyemo, A. O., Logan, Jr. J. P., Stonard, S. W., "The ubiquitous neutron/density tool response in petro-free mud: New insights to addressing unresolved issues," SPWLA 46th annual logging symposium, 2005.

[3] Andreani, M., Klopf, W., Casu, P. A., "Using consonant measurement sensors for a more accurate log interpretation," SPWLA 39th annual logging symposium, 1998.

8　测井数据复杂化

复杂性，无法控制，难以把握，但是复杂化通常是数据采集公司造成的。复杂化有时候是必要的。无论如何，测井公司应当帮助油公司与数据用户消化理解这些复杂化。

8.1　增加的复杂化

复杂化可以直接被数据用户感受到：

（1）数据交付是一个非常复杂的过程。

（2）现在有大量的仪器互相间不一定兼容，它们不能交付完全一样的信息。

（3）这些仪器非常复杂，其所依赖的物理原理远超过很多地球科学家的培训范围。如声波频散图、压力微分曲线和优化旋转极化则需要专家的解释。

（4）测井仪器的响应以及它们的环境校正是平行发展的。尽管不完整，但这方面的文档非常多。测井信息再也不能在纸上进行管理（很快就只会有数字化格式）。

（5）和以前相比，现代仪器的测量能力增加了上千倍。

（6）数据交付时容量巨大，不适用于简单的数据库管理。关于数字化交付的信息很有限。

（7）随钻测井的兴起使得基于时间的数据登上了舞台。但是如何管理它们呢？

8.2　数据交付的复杂化❶

8.2.1　简单的开始

对测量仪器的演化做一次历史性的概览是非常有用的。第一支测井仪器是用四个电极绑在一个塑料棒上制成的。第一条测井曲线显示了一个参数随深度变化的函数。测量包含了一个辅助参数，一个常数 K_1，其数值为 7.52（图 8.1）。

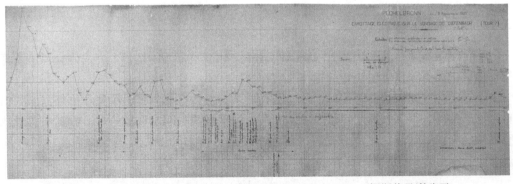

图 8.1　显示在第一条测井曲线上的探头特征（$K_1 = 7.52$）（据斯伦贝谢公司）

---

❶ 本节讨论目前常规的数据交付。未来的数据交付方式详见第 14 章。

第一条测井曲线记录在一张纸上，包含了所有可得的信息。值得一提的是，亨利·道尔，这条曲线的测井工程师，把他的名字也放在测井图上面了，此举开启了一个被长期沿用的传统：测井数据的采集者需被标明。当时测井承包商并没有另一个单独的交付方式给油公司（名为 Pétrolière de Péchelbronn），也没有用于备份的数字化存储。

8.2.2　过渡到数字化数据

数据交付过程一直持续到 20 世纪 70 年代末也没有太大变化：测井结束时交付一个胶片文档（可能还有一些从胶片里拷贝的影印件）。交付需要在测井仪器撤下井架之前，在整个测井工作结束数分钟后，没有机会进行重放。如果对测量不够满意或是胶片出现问题，就有必要再重新测一次。但是，所得的测井结果需要立刻交付给油公司的代表，没有等待时间，也没有电话或者电子邮件来交涉最终的结果。一般来说没有初稿也没有终稿，在井场交付的胶片是独一无二的最终版本。

20 世纪 70 年代中期，有一部分数据信息是记录在磁带上的，但是胶片/影印件仍然是主要方式。一个二进制的磁带记录仪和装有能在胶片上画曲线的电流计的模拟相机摆在一起。磁带记录仪同时处理 5 条曲线且不捕捉任何辅助数据。数字化磁带不能使用，除非有胶片和从中提取的背景数据。

计算机在 20 世纪 70 年代后期在测井中使用，并开始将没有取样的数据加密到磁带上。磁带成为交付数据的主要方式。几个磁带格式及其所带来的复杂化出现在市场上。

8.2.3　21 世纪的数据交付

如今，测井公司所交付的数据被封装成几个子组件：

（1）一个图形文件，如以往的影印版文件。

（2）几个数字文件以 CD 或 DVD 的形式提交给油公司。数据也可以直接传输到数字型数据库，中间不通过任何物理媒介。

数字化的数据集合和图形化的数据集合并不完全重合。有一些关键的信息在图形文件里面，却不在数字文件里。反之亦然。数据使用者依然需要至少两份记录，包括图形文件。

8.3　数据格式的多样化

8.3.1　摆明问题

数字记录由数字格式构成。数字格式没有相关标准。奇怪的是，人们或许会说工业界里最值得称道的是有很多可供选择的标准。

由于缺乏标准化，数据对象的错误命名屡见不鲜。数据的内容、单位和出处方面的错误也很常见。此外，很多数据用户从在非常有限的深度域或时间域取样的多段数据汇总时几乎没有附带任何背景信息。刻度数据、深度系统信息、信号处理选择很少保存到项目数据库里。下面是一组常见的数据格式。

8.3.2　RP 66/DLIS 格式

RP66 是推荐惯例 66 的缩写，为美国石油协会（API）所创建的[1]。RP66 有几个不同的具体实施（Geoframe 档案格式、Geoshare、POSC 交换格式—基于 EPICENTRE 数据模型，RODE-BP 开发的记录导向数据交换格式，用以封装原始地球物理 SEG-A/B/Y 文件❶。

DLIS 格式代表数字测井交换标准。其格式说明书可以在 RP66 文档里找到。RP66 是作为一个提高井数据的交换格式而引入的。RP66 V1 的主要特征是独立于机器、自我描述、语义扩展和处理大量数据的高效性。

如果格式设计很好，它就不强求具体的数据内容。数据内容通常假设是完整的并且和数据用户相关的。一些方便的特征，如用属性来命名数据对象，还没有被数据供应商完全采用。

8.3.3　LAS 格式

LAS 格式是由加拿大测井学会（CWLS）基于以下前景陈述创立的[2]：

CWLS 的软盘委员会为储存在软盘上的测井数据设计了一个标准格式。就是我们熟知的 LAS 格式（测井数据 ASCII 码标准）。LAS 格式记录由包含最少头信息的 ASCII 码文件组成，目的是最优化展示测井曲线……LAS 格式用来快捷地为个人电脑用户提供基本的数字测井信息。

LAS 格式 3.0 版本包含所有方面的信息，但是大多数油田记录是用 2.1 版本交付的（本书付印时）。由于它的高度可用性，LAS 格式很普遍。创建者承认它包含"最少的信息"。这一声明经常被忽略，因此，当测量比较复杂时，使用 LAS 格式会带来一些风险。

8.3.4　其他格式

TIF 格式：一种以记录为导向的流媒体技术，被用来在 Unix 或者 PC 系统里做数据交换。是不能自我浏览的格式。

LIS 格式：已经淡出舞台。

所有的格式都是为交换数据。它们被用来将数据从测井现场传送到油公司的数据库。每一个油公司都有一个数据模型用来从提供的数据集合里面选择数据对象。很少见到数据采集公司提供的所有数据都被保存在企业数据库里。

8.3.5　图形格式

PDS 是斯伦贝谢公司专有的图形格式，用来模仿测井早期的影印文件。PDSView 是一个可以支持将 PDS 转换成 GIF、CGM 和 TIFF 的免费软件。

TIFF 是 Tagged Image File Format 的简称，西方阿特拉斯公司用得较多，很多免费软件可以读 TIFF 格式文件。

此外，还有很多图形格式，随着数字化技术和影视摄像机应运而生。很可能测井公司将要在以后的数据交付中使用这些格式，如 CGM 和 PDF。

8.3.6　其他数据格式

数据可以从井场传送到决策中心，尤其是需要实时决策的时候。数据已不再是冻结了或者打包了的档案，而是源源不断的数据流。如果数据之后做了更新或者更正的话，相应的平台很有用，但是也有一些风险。数据的不同版本需要被严格标注并保存。

---

❶　几乎每家主要石油公司都有至少一种 SEGY 版本格式。

（1）WITSML格式：井场信息传输标准标注语言，用于在石油行业各组织间传输技术数据。

（2）Openspirit是一套中间支持应用❶，它推动了数据集成管理❷。当数据确实存在时，Openspirit应用毫无疑问地提高了数据的识别与使用。但当原始内容缺失或不合适时，其效率明显降低。

8.4 数据记录的内容

如今的测井数据可以按多种格式交付，包括一个图形打印件和数据记录。如前所述，数据记录又可以用一系列不同格式产生。数据采集公司可能保存（短期的）这些相关的"产权"数据，只交付"客户"数据。图8.2展示了这种复杂化。

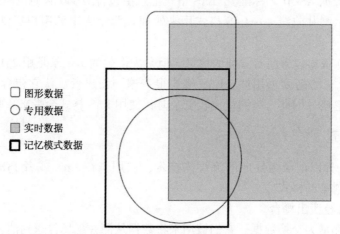

图例：
□ 图形数据
○ 专用数据
▧ 实时数据
■ 记忆模式数据

图8.2 描述测井作业数据交付的简例

数据是由钻管传送的。这里不同类型的数据没有严格的一致

8.4.1 数据对象的分类

数字记录列举了参数、采样的曲线（向量）和采样的数组。文件大小变化很大。有些测井公司引入了分类法来区分数据对象的权属特性（表8.1）。

表8.1 数字化数据对象的分类（据斯伦贝谢公司）

类型	目的
基础	显示在图形文件里的内容
客户	所有用来重建主要曲线的内容
生产者	工具的生命
内部	地面系统一关闭即被擦除

---

❶ 中间支持是一种连接各种应用的软件。它包含一套服务，使得运行在一台或数台机器上的过程可以交互作用。

❷ Openspirit应用集成框架的开发始于1997年，那时油公司与软件服务公司汇集，致力于解决由于勘探和生产方面的应用软件与它们的数据库之间的数据集成能力不好而导致的低效率高花费。

这一分类法并不是严格的，因为数据使用者对有些客户对象并没有兴趣，然而有些生产信息对测井曲线的重建却是至关重要的（如刻度不正确，或环境校正采用错误的输入）。

表 8.2 显示了一套用于监视套管测井的参数。很可能只有仪器设计者才能明白每一个具体参数。测试可以在 CDDE、RSC 的最后一个命令行数据回应。有趣的是，有些量化的不确定度（如 BSAL_SIG）被列为"客户"数据。

表 8.2　描述油藏监测测井的参数示例

类型	曲线名称	描　　述
基础	BSAL	井眼盐度
客户	ACOR_SIG	RST 远平均碳氧比
客户	AIRB_DIAG	不确定度
客户	AQTF	RST 空气井眼诊断
客户	AQTM	RST 远帧获取时间
客户	BADL	RST 近帧获取时间
客户	BADL_DIAG	RST 劣质数据水平指示，Sigma 流体相 1
客户	BSAL_SIG	RST 劣质数据水平诊断
客户	BSFL_DIAG	RST 井眼盐度不确定度
生产者	BECD	RST 井眼盐度过滤水平诊断
生产者	BESE	RST 射束电流设置点
生产者	CACU	RST 射束电流设置
生产者	CAV	RST 电极电流
生产者	CDCE	RST 电极电压
生产者	CDDE	RSC 最后指令数据回响

8.4.2　例一：伽马射线测井

伽马（GR）测井是最简单最普遍的测井。它可以用来量化分析泥岩体积，在数据深度匹配过程中也具有非常重要的作用。在每一次测井作业中加载 GR 测井，可以把不同的测井曲线调整到同一个参考深度。

1999 年，斯伦贝谢公司所描述的 GR 测井的曲线数量已经相当之高：

gr, gr1, gr2, gr2_sl, gr3, gr4, grbc, grc, grdn, grfc, grin, grlt, trm1, grn, grp, grr, grra, grrc, grrt, grsg, grt, grt1, grt2, grt3, grt3, grtc, grte, grup, grow, gr_cal, gr_cal, gr_dn_raw_d, gr_lt_raw_d, gr_rt_raw_d, gr_sl, gr_up_raw_d.

10 年之后，曲线数量已经增加了好几倍。数据使用者想要明白为什么这么多不同的名称存在以及它们的意义。

8.4.3　例二：当代组合测井

图 8.3 展示了一个电阻率（ARC5 仪器）和密度（ADN 或方位密度—中子仪器）组合数据的数字化交付的实例。密度—中子仪器有 13 条 1.2in 取样率的曲线和 98 条 6in 取样率

的曲线❶。用户绝对需要一些帮助来全面使用这一数据集合。通常，数字化数据交付中关于这些曲线的命名不是很容易得到。

Channels			Fule：MWD_10.039			Sequence：32	

Origin：43

ARC5-825：8.25-in.Array Resistivity Compensated

Spacing：1.2in   Number of Channels：2

TICK_ARC_GR   TICK_ARC_RES

Spacing：6.0in   Number of Channels：108

A112	A114	A122	A124	A132	A134	A142
A144	A152	A154	A16B	A16B_UNC	A16H_UNC	A16L_UNC
A212	A214	A222	A224	A22B	A22B_UNC	A22H_UNC
A22L_UNC	A232	A234	A242	A244	A252	A254
A28B	A28B_UNC	A28H_UNC	A28L_UNC	A34B	A34B_UNC	A34H_UNC
A34L_UNC	A40B	A40B_UNC	A40H_UNC	A40L_UNC	AGRACQTM	AGTM
APRS	AR12	AR14	AR22	AR24	ARESACQTM	
ATAT_ARC_IMG ATMP		BATV_ARC	ECD_ARC	GR_ARC	GR_ARC_CAL	
GR_ARC_FILTGR_ARC_RAW		ISBD	P112	P114	P122	
P124	P132	P134	P142	P114	P152	P154
P16B	P16B_UNC	P16H_UNC	P16L_UNC	P212	P214	P222
P224	P22B	P22B_UNC	P22H_UNC	P22L_UNC	P232	P234
P242	P224	P252	P254	P28B	P28B_UNC	P28H_UNC
P28L_UNC	P34B	P34B_UNC	P34H_UNC	P34L_UNC	P40B	P40B_UNC
P40H_UNC	P40L_UNC	PFPG_ARC	PPPG_ARC	PR12	PR14	PR22
PR24	SHK1_ARC	STAT_ARCSTAT_ARC_SUM		TAB_ARC_RES TEMP_ARC		

ADN8-AA：8.25-in. Azimuthal Density Neutron

Spacing：1.2in   Number of Channels：13

DRSI	DSAM	LSAZ_PIF	NSAM	PESI	RLSI	ROSI
RSSI	SAZI_PIF	SAZ2_PIF	TICK_DEN	TICK_NEU	USI	

Spacing: 6.0 in.   Number of Channels: 98

DCAL	DPHB	DPHL	DPHR	DPHU	DRHB	DRHL
DRHO	DRHR	DRHU	DRRT	DRSC	EFRA	FARI
FAR2	FAR3	FAR4	FAR5	FAZI_R	FAZ2_R	FAZ3_r
FAZ4_R	FAZ5_R	HEHV	HORD	IBTI_ADN	IBT2_ADN	LSAZ
LSHV	LSW3	LTBV_ADN	NAZI_R	NAZ2_R	NAZ3_R	NERI
NER2	NER3	P20V_ADN	REB	PEF	PEL	PER
PESC	PEU	RHOB	RHOL	RHOS	RLSC	ROBB
ROBL	ROBR	ROBU	ROLB	ROLL	ROLR	ROLU
ROSB	ROSC	ROSL	ROSR	ROSU	RPM_ADN	RSSC
SAZI	SAZ2	SHKI_ADN	SHK2_ADN	SOAB	SOAL	SOAR
SOAU	SOIM	SONB	SONL	SONR	SONU	SOXB
SOXL	SOXR	SOXU	SSHV	SSWI	SSW3	TAB_DEN
TAB_NEU	TAZN	TNPH	TNPH_UNC	TNRA	TNRA_UNC	TTEM_ADN
U	UB	UL	UR	USC	UU	VERD

System and Miscellaneous

Spacing：1.2in   Number of Channels：2

TDEP；I   TIME；I

Spacing：6.0in   Number of Channels：15

BS	DPHI	FF	FREQ	HDAV	PHIT_B	RO
ROPI_RM	ROP5_RM	ROP_RM	RWA_B	TDEP；2	TEMP	TIME；2
TBDE						

图 8.3 ARC5—ADN 组合的曲线列表

8.4.4 混合测井数据

由于钻井轨迹变得越来越复杂，从直井到大角度井到水平井，一口井在完井之前经常需要换几个钻头。这就意味着会使用几个测量仪器和不同的钻井液调配。对每一次测井，就会有一套单独的参数。比如说，不同的仪器需要不同的刻度参数，不同的钻井液需要不同的环境更正处理。例如，斯伦贝谢公司对一口井的每一次测井的数据集合包含了一个 DLIS 格式文件，一个 WSD 格式（井场数据）文件，一套参数，和一整套曲线（客户/基本）。一个所

---

❶ 此例中，曲线数目是保守的。仅就 AND 仪器，1.2in 取样率的曲线可能有 100 多条，6in 取样率的曲线可能有 200 多条。

谓的混合数据记录（图8.4）不能只包含某次测井的信息。

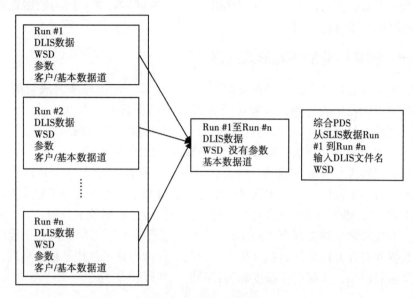

图8.4　多次测井数据

中间的混合 DLIS 格式记录不包含任何参数来描述单独的测井。此外，用来验证数据的辅助曲线也缺失了

以下的策略值得推荐。单独的测井数据需要用来做量化的油层物理的解释，混合的测井数据可以用来做相关性方面的工作。

8.4.5　交付数据容量的变化

数据用户面临的另一个困难是所交付的曲线数量缺乏一致性。表8.3列举了在同一油田36口井中随钻密度测井在所交付的曲线数量。数据道在 2~165，有 17 个不同的曲线数量。直觉上来说，较低的数字代表了简单低成本的产品，仅有两条基本曲线。相反的，较高的数字应该和包含图像的记录相关联。还是非常难以解释为什么还有 15 个额外的中间值。数据值的多样性对发现缺失的信息于事无补。

表8.3　数据交付的变化多样

井号	1	2	3	4	5	6	7	8	9	10	11	12	13	14	15	16	17	18
数据道	2	2	2	2	72	72	68	68	2	2	89	89	2	2	89	114	114	152
井号	19	20	21	22	23	24	25	26	27	28	29	30	31	32	33	34	35	36
数据道	152	152	152	111	111	149	149	149	151	114	73	76	118	62	165	74	49	154

注：36 口井取得了密度测井。每一口井包含测井曲线的数字记录已经交付。曲线的数量在 2 和 165 之间变化。

8.5　和数据内容相关的附加问题

8.5.1　细分：实时和记忆

自随钻测井发展初期，就可以实时传送信息。以钻井液为介质的传输速率很大程度上限制了数据质量。钻井完成之后，仪器被拉回地面，具体的测井数据从记忆体读出。对同一个深度，两个数据对象，实时值 $x_{\text{real-time}}$ 和记忆值 x_{memory} 可能同时存在。因为数据处理的过程不全相同，这两个值也很可能不同。

8.5.2　同一个测井作业的不同形式共存

如今，井场交付的数据产品不是最终的版本。一个需要用来做实时决策的"草稿"版会给油公司。很可能发生的是测井工程师意识到一个错误然后产生了一个"中间"版本。几天或者几周之后，最终版被交付。多个数据版本之间可能有些差别。

下面是一个因为对多个数据版本管理不善导致的事故的案例：

一个测井工程师进行裸眼井测井。他交付了一个"草稿"版本数据并迅速传送到一个不在井场的地球科学家团队。这个团队经过辛苦奋战解释了数据并提供了射孔井段。与此同时，该测井工程师发现测井深度没有做拉伸校正。于是他重新回放了数据，并且使用了更正后的深度值，发现和之前的数据有 3m 的深度误差。随后测井工程师被射孔工程师替换，之前解释过的数据和射孔井段传回到钻井平台。射孔工程师在井场使用了校正后的深度去放置射孔枪。结果可想而知，实际射孔深度和解释的射孔井段相差 3m。

8.5.3　随时间变化的地层参数

很多情况下，在给定深度只会交付一套地层参数。在随钻测井中，同一个深度区间会被测井仪器多次观测到。假设有 4 次钻井作业，图 8.5 所示的浅地层会被测量 8 次，4 次下行，4 次上行。在实际情况中，一个底部钻具组合（Bottom Hole Assembly, BHA），加载了测量感应器，多次通过岩石地层前方。裂缝开放或者闭合，与钻井液密度的变化紧密相连，从而可以监测井筒的压力。

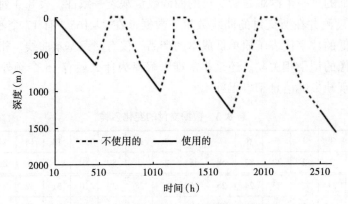

图 8.5　同一地层被 LWD 仪器测量多次

其结果是，对于一个给定的测井曲线，不止一个值赋予深度索引。以时间索引的文件变得有价值。相对应地，这些数据必须被存储在只给每个深度赋予一个数值的数据库。

随钻测井能够获取一些关于地层参数变化的信息。电缆测井技术让人觉得岩石参数不会随时间变化。这并不奇怪，考虑到电缆测井测量时间非常短，这些测量发生在钻井液侵入与井况稳定之后。在钻井之前，地层确实是处于稳定状态。钻井和钻井液侵入给岩层带来很多损伤。电缆测井通常在比较平稳的状态下进行。然而地层也不会如钻井之前或者钻井很长时间之后的那样的状态，如图 8.6 所示。

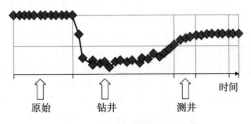

图 8.6　地层参数随时间演化

8.5.4　数据对象的七个维度

测井数据的复杂化在表 8.4 中得到直观体现。一个简单的数据对象可以通过至少七个维度来描述。

表 8.4　数据的维度

属性	状态 1	状态 2	状态 3	状态 4
保密性	专有的	客户的		
处理	原始的	刻度的	校正的	过滤的
通道	主要	重复		
采集	实时	记忆		
维度	基于时间	基于深度		
交付格式	初稿	终稿	中间稿	
陈述	图形的	数字的		

8.6　测量仪器的复杂化

第一批测井仪器仅使用芯轴外加一些线圈制成。如今的测井仪器已变形成很多新科技产品。开始，这些仪器看上去像一根钢管，但如今它们里面罩着的是高科技电子线路。随之一起慢慢发展的是探测器、声波检波器和测径仪的臂。如声波仪器最初有一对发射器[3]，后来慢慢演化到具有昂贵的八个声波检波器（表 8.5）。即便最普通常见的声波扫描仪也记录多达 90 倍于第一支数字声波仪器所采集的数据量。

表 8.5　斯伦贝公司谢声波测井仪器的不断增加的复杂性（据 A. Brie）

测量类型	模式	站数	检波器每站	波形每站	波形	采样每波	总采样数
Analog Borehole Compensated Sonic	1	4	1				
Long Spaced Sonic Digitized	1	4	1	1	4	512	2048
Array sonic	1	8	1	1	8	512	4096
Dipole sonic-Multi Gain	1	8	1	2	16	512	8192

测量类型	模式	站数	检波器每站	波形每站	波形	采样每波	总采样数
DSI – Lower dipole, Upper dipole, P&S, Stoneley	4	8	4	1	32	512	16384
DSI-BCR, P&S, Stoneley	4	8	4	1	48	512	16384
Sonic Scanner							
Sonic Scanner Concise	6	13	8	8	182	512	76544
Sonic Scanner Record All Data	6	13	8	8	416	512	186368

8.7 小结

（1）继自然界的复杂性而来的是呈爆炸性增长的复杂化数据产品。
（2）所交付数据的内容和容量具有众多格式和变体。
（3）通常缺乏对数据内容的描述和记录。
（4）复杂的数据集合难以进行质量控制，因此也难以被全部使用。
（5）标准化的缺失使得数据库管理难上加难。

参 考 文 献

［1］ *Recommended Practices for Exploration and Production Data Digital Interchange*：*API RP* 66，*V*2：*Second Edition*，American Petroleum Institute，1996.

［2］ *LAS version* 2. 0, *a floppy disk standard for log data*，the Canadian Well Logging Society，Calgary，1992.

［3］ Brie，A. ，personal communication.

9 测井数据复杂性

有些复杂性是必要的，也不可避免。但是石油行业已经面对测井数据很多年，这些数据时常具有误导性。有些模棱两可的数据会导致用户做出错误的假设。

本章令人生畏的标题与一些设计很好的软件所推崇的"所见即所得"的友好用户界面背道而驰。服务公司所交付的测井数据的内容也许并不和它表面显示的一致。

9.1 早期的渗透率曲线

数据模糊之处始于早期在纸上记录的渗透率曲线，如图 9.1 所示。实际上，该图所示曲线是自然电位曲线。用户会困惑并误以为渗透率是实际测量的。曲线的刻度揭示了部分的不真实性。早期渗透率单位是毫伏（mV）而不是毫达西（mD）。

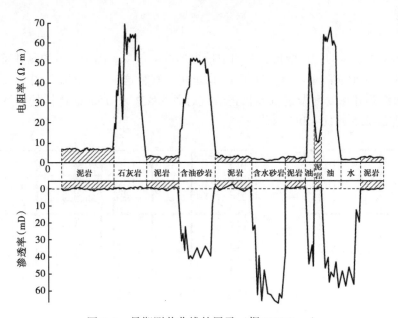

图 9.1 早期测井曲线的展示（据 MIT Press）

9.2 测井图头

现代测井图头复杂多样，如图 9.2 所示。钻头尺寸（Bit Size）来自钻井人员的提供并在地面经过证实。井径（HCAL）是对井眼一个轴的测量值。"井眼直径"是不正确的曲线名 。密度校正是可以接受的曲线名并且不会让数据用户感到迷惑。

地层密度（Formation density）和地层光电吸收截面指数（Pe）却绝对具有误导性。地层密度曲线是一系列复杂处理的结果：首先探测伽马射线计数，并使用伽马能谱来区分伽马射线的能量，然后用一个复杂的处理来消除滤饼和井眼的影响（基于一个简化的井眼和地层几何模型），最后把电子密度转换成矿物密度等。这样的曲线不真正代表"地层密度"。此论断同样适用于地层光电吸收截面指数。

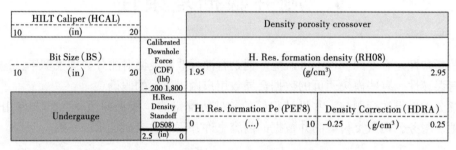

图 9.2　测井图头，用来解释不同曲线

以上争论并非故弄玄虚。数据用户或许会问："那么测得的密度和地层密度到底差多少呢？"差别其实是不确定的。这需要妥善处理，而不是视而不见。总而言之，更倾向于使用"测量参数"这样的名称，而不是"地层参数"。

9.3　深度

图 9.3 和 9.4 显示的是从两份测井图中抽提的深度信息。图中显示的测井特征均来自相同深度（1500m），但实际上不是。在第 15 章里将要解释这一点，随钻测井深度没有经过拉伸校正，而电缆测井深度则做过拉伸校正。这有关系么？在 1500m 这样的深度，电缆或者钻管拉伸可达 2~2.5m（6~7ft）。

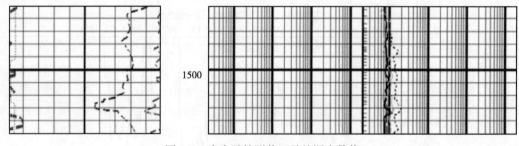

图 9.3　来自随钻测井记录的深度数值

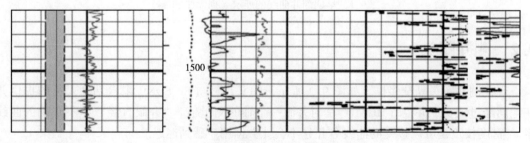

图 9.4　来自电缆测井记录的深度数值

9.4 累计体积

　　井径测量用于完成一项简单实用的工作：计算井眼体积并预估它和将要放入井眼的套管的体积差，从而推算需要泵压的水泥总量。图 9.5 显示了体积标记（PIP）代表的信息，单位为立方英尺（ft³）或立方米（m³）。图 9.6 是一个有体积标记测井的实例。图 9.7 展示了体积计算过程。

```
                    PIP  总结
    ▸┝  累计井眼体积，每10ft³有微PIP标记
    ┝  累计井眼体积，每100ft³有主PIP标记
    ◂┥  累计水泥体积，每10ft³有微PIP标记
    ┥  累计水泥体积，每100ft³有主PIP标记

    ▶▇  每60s有时间标记
```

图 9.5　用于标记累计井眼体积的 PIP 信息

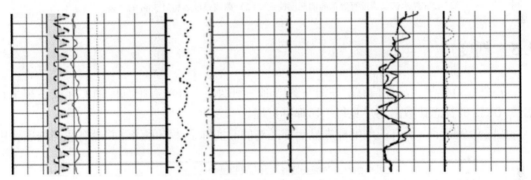

图 9.6　在深度道内一段地层显示的 PIP 信息
井径曲线（看上去像正弦波）表明井眼呈螺旋形

```
                累计井眼/水泥体积总结
                井眼体积 = 58.07m³
      水泥体积 = 17.37m³（假设套管外径为 10.75in）
            计算区间从 2104.9m 到 1410.0m
                  使用 HCAL 井径曲线
```

图 9.7　累计井眼体积计算结果
如果关于计算的假设条件不成立，数值可能不准确

　　以上计算仅当以下假设成立时才正确：
　　（1）井眼为圆形（使用单臂井径仪）或者椭圆形（使用双臂井径仪）。
　　（2）井径仪的臂在测井段不会完全打开。如果井径曲线扁平并显示较高读数，这意味着井眼尺寸超过了井径仪最大臂展。这种情况下，累计井眼体积是不准确的。
　　如图 9.6 所示，井眼呈螺旋形，因此关于井眼形状的假设不成立。如图 9.8 所示，井径仪臂展已经达到最大，关于计算体积的假设也不能满足。

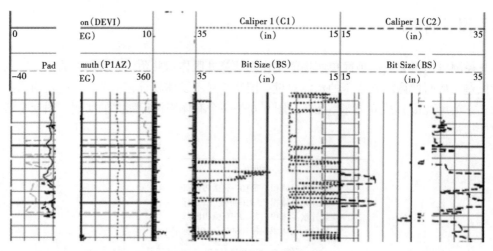

图 9.8 双臂井径仪显示较大数值

第 2 道的点线显示平均值为 42in。这意味着仪器已经张至最大并且井眼直径大于 42in。
第 3 道的虚线显示一段短平值 40in。(1) 根据仪器规格,臂展已达最大值 40in。读数为
42in 显示该仪器没有做正确的刻度校正。(2) 曲线是读数超过 35in 的"备份"

9.5 刻度

在过去 20 年里,刻度信息附在测井图尾部。刻度尾文件没有把刻度的实际状态记录在案。"OK"的标志让数据用户觉得一切都有把握。

如图 9.9 所示,所有的刻度标志显示都是对的。实际上,测井仪器并没有适当刻度,因

colspan
High resolution Integrated Logging Tool–DTS Wellsite Calibration

			Electronics Calibration Check–Thru Cal Mag.& Phaso					
tx	Phase	Value	Thru Cal Magnitude V		Nomlnal	Value	Phase DEG	Nominal
0	Master	0.6317			0.6050	70.90		71.00
	Before	0.6302				70.02		
1	Master	1.300			1.270	69.76		70.00
	Before	1.298				68.85		
2	Master	0.6409			0.6230	65.89		66.00
	Before	0.6398				64.92		
3	Master	0.7292			0.7040	65.06		65.00
	Before	0.7270				64.09		
4	Master	1.360			1.337	58.59		59.00
	Before	1.357				57.50		
5	Master	1.982			1.955	56.61		57.00
	Before	1.978				55.45		
6	Master	1.977			1.955	55.65		57.00
	Before	1.973				55.48		
7	Master	1.417			1.415	52.33		53.00
	Before	1.406				50.52		
			60.00% (Mirmun)	(Nomind)	140.0% (Maximun)	Nom–60.00 (Minmun)	(Nominal)	Nom+60.00 (Minmun)

Master: 4–MAY=1999 14:05   Before: 1–JUL–1999 15:09

图 9.9 刻度尾文件显示所有刻度系数均在允许范围内。但刻度还是不正确,因为刻度设置不充分

64

为刻度区域没有遵从测井公司的标准。该测井仪器偏离真值 8mS/m，对于 50Ω·m 的真值来说，这相当于 40%的误差。结论是，刻度尾文件并不能被用来检验刻度的准确性。

刻度的过程包含很多任务。这些任务涉及很多只有测井工程师或技术人员才懂的硬件。测井公司应该主动提供一些文档来解释刻度的设置、辅助的设备和操作的过程。有一家数据采集公司提供了这些文档[1]。

用测井仪刻度校正的例子来说明为什么刻度标定指示（绿色、黄色等）并不意味着刻度校正就一定是正确无误的。

井径仪通常使用具有标定内径的圆环来刻度。井径仪的臂在圆环内全部张开。当臂在圆环里张开时，原始值即被记录下来。因为内径是已知的，从而就很容易推出用来校正井径读数的倍增系数和偏差。使用标准圆环进行正确刻度，得到了下列读值（图 9.10）：

（1）当井径仪的臂在 8in 的圆环中展开时，井径仪原始读数为 7.019in。

（2）当井径仪的臂在 12in 的圆环中展开时，井径仪原始读数为 10.36in。

从这两次刻度中，可以推算出倍增系数和偏差：

$$校正值=原始值×1.197-0.40$$

High resolution integrated logging tool–DTS wellsite calibration					
HILT caliper calibration					
Phase	HILT Caliper Zero Measurement IN	Value	Phase	HILT caliper plus measurement IN	Value
Before		7.019	Before		10.36
6.000 (Minimum)	8.000 (Nominal)	10.00 (Maximum)	9.000 (Minimum)	12.00 (Nominal)	15.00 (Maximum)
Before：30–JUN–1999 17:31					

图 9.10 刻度的例子

刻度标志看上去没问题，圆环是完整的，并保持较好形状

有时，测井现场找不到合适的圆环，如图 9.11 所示的开口圆环可能被使用。因为开口的缘故，圆环在运输和储藏的过程都有可能变形。小环的实际使用直径是 8.5in，大环的实际使用直径是 11.5in。井径仪在环内的原始读数分别是 7.437in 和 9.942in。用这些环刻度的结果如图 9.12 所示。

新的刻度所得的倍增系数和偏差截然不同。从相同的原始读数，计算了使用新的刻度得到的校正值。表 9.1 显示一系列不同原始读数对应的新旧刻度校正值。当井径为 16in 时，差别高达 2in。这样的差别重要么？井径曲线用来计算水泥体积和校

图 9.11 内径分别为 8.5in 和 11.5in 的开口圆环

正井眼对感应电阻率曲线和中子孔隙度曲线的影响。这样的差别对于中子孔隙度来说会导致几个孔隙度单位的变化。

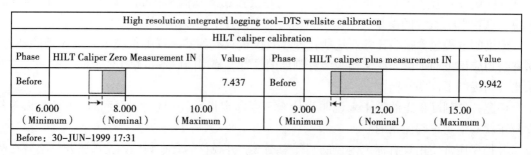

High resolution integrated logging tool–DTS wellsite calibration					
HILT caliper calibration					
Phase	HILT Caliper Zero Measurement IN	Value	Phase	HILT caliper plus measurement IN	Value
Before		7.437	Before		9.942
	6.000 (Minimum) 8.000 (Nominal) 10.00 (Maximum)			9.000 (Minimum) 12.00 (Nominal) 15.00 (Maximum)	
Before：30–JUN–1999 17:31					

图 9.12　用开口圆环刻度而得到的刻度尾文件

左边的矩形框缩短了，右边的矩形框拉长了。两个框都仍在测井公司所允许的限度范围内

表 9.1　较差的刻度对中子孔隙度的影响

实际尺寸 (in)	原始井径曲线读值 (in)	测井#1 正确刻度 (in)	测井#2 不正确刻度 (in)	孔隙度差值 (pu)
8	7.019	8.0	7.333	−1.000
8.5	7.437	8.5	8.000	−0.750
10	8.690	10.0	10.000	0.000
11.5	9.942	11.5	12.001	0.751
12	10.360	12.0	12.667	1.001
14	12.031	14.0	15.334	2.002
16	13.701	16.0	18.001	3.002
18	15.372	18.0	20.668	4.003
20	17.042	20.0	23.336	5.003

9.6　标注

标注也许并不能反映实际的数据处理过程。一般来说，参数列表里所列信息比别处所得信息更准确。图 9.13 所示标注部分和参数总结部分自相矛盾。

Remarks section

→ 5. Spectral Gamma Ray corrected for hole size and potassium.

6. Maximum recorded temperature is 166 °F from temperature sensor in logging head.

Parameter summary listing

HNGS–BA：Hostile Natural Gamma Ray Sonde

BAR1	HNGS Detector 1 Barite Constant	0.981705
BAR2	HNGS Detector 2 Barite Constant	0.964037
BHK	HNGS Borehole Potassium Correction Concentration	0 ←
BHS	Borehole Status	OPEN

图 9.13　标注和参数总结对比

上半部摘自标注部分。报告显示钻井液中的钾经过了补偿。在参数总结部分，这样的补偿校正又被否认了。无论标注如何说，参数总结里的信息是真正用在处理中的

9.7 仪器图

仪器图中的列项和实际处理使用的不一样。如图 9.14 所示，仪器图显示 2.5in 的偏距，但在处理中，却使用了参数总表中（图 9.15）的 1.5in 的偏距。不准确的偏距造成的影响可以定量化[2]。

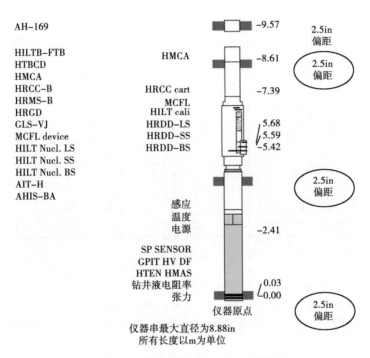

图 9.14　仪器图里显示 2.5in 的偏距
注意仪器序列号被作者去掉了。正确的仪器图应该包含序列号

参数

DLIS 名称	描述	数值
AHBHM	AIT-H 井眼校正模式	2_计算偏距
AHBLM	AIT-H 基本测井模式	6_1_2_4
AHBPO	AIT-H 基本测井处理选项	标准处理
AHCDE	AIT-H 探测套管选项	否
AHCEN	AIT-H 井眼内仪器居中旗标	偏心
AHCSED	AIT-H 套管鞋深度	−50000m（缺省值）
AHMRF	AIT-H 钻井液电阻率因子	1
AHSTA	AIT-H 仪器偏距	1.5in

图 9.15　在同一张测井图上，参数总表显示偏距（AHSTA）实际上为 1.5in

9.8　核实过并且完整的信息

前述章节中由数据呈现的大多数模糊性与图形文件相关。由数字文件所绘出的测井图也会具有误导性。图 9.16 显示了一张由密度测井的 LAS 格式文件绘出来的曲线图。这些曲线貌似正确。

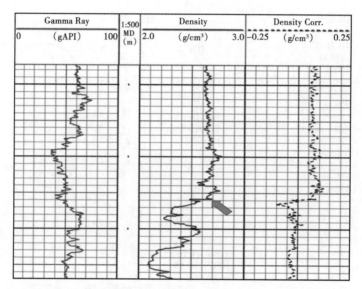

图 9.16　将 LAS 数据加载到 RIS-View 软件（由 Digital Formation 公司提供）绘制的测井图
箭头指示的异常（非原始绘图的部分）是没法解释的，除非有数据采集公司提交的图形文件

图 9.17 显示了一幅来自相同油田的图形文件。它包含的一些细节有助于更好地使用数据。在第 2 道的左边，可以看到一些简短文字显示了测井过程中曾经换过钻头。第 3 道的右边，有一条黑长线。这一信息在之前的图中则找不到。

同样，从数字文件绘制的测井图不包含图形文件所加的注释。图 9.18 是另一个例子。

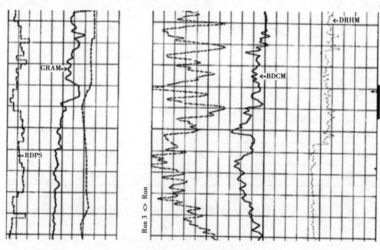

图 9.17　图形交付成果

注释文字说明了所得信息不能定量化使用，因为没有刻度校正。这样的注释对数据用户来说至关重要，却不能在数据文件里找到（LAS 或者 DLIS）。

> 提示：数据不能定量使用（仪器探测源
> 在井眼中丢失，因此不能再次刻度）

图 9.18　图形文件展示的注释，在数据文件中却不存在

9.9　小结

（1）测井图常常模棱两可。

（2）数据用户需要验证所呈现信息背后的很多假设。

（3）标注、仪器图必须和其他信息互相参照。

（4）刻度尾文件并没有显示所有内容，即使刻度仪器坏了没法用，刻度系数依然可能显示在测井公司所允许的范围内。

参 考 文 献

［1］Schlumberger marketing services，*Schlumberger logging calibration guide*，08-FE-014，2008.

［2］Theys，P.，*Log data acquisition and quality control*，Éditions Technip，1999.

10 误　　区

在开始审查能够提高井下数据质量的可行方案之前，有必要列出一些可能影响追求更高质量的数据进展的行为和成见。

10.1　实时和短期的利益至高无上

当给定的两个项目，相同的初始投资均为 1 美元（回报美元均以现时价值计算），一个回报为 3 年 3 美元，另一个为 10 年 5 美元，很多人会去选择短期的项目，即使第二种投资回报显著提高。这种态度导致了以下决策：

（1）20 世纪初，许多油气公司在井口将天然气燃尽，因为开发这一宝贵资源意味着额外的设备和投资。

（2）油田开采并不是最优化的，因为它往往需要较低的产油率，因此产生的现金周转也较慢。

（3）数据有时被看作是一次性的，仅用其实时价值。对于它的长期使用价值却是知之甚少。出于这个原因，没有用最佳条件对其进行妥善归档和检查。而归档的成本往往被管理层视为多余。

（4）快速钻井的短期目标往往胜过获得最佳数据的长期目标。

10.2　数据标准化

人们常常认为，即使来自同一个油田中许多井的数据是混乱的，数据标准化将解决所有问题。

大型油田的数据往往是由几家数据采集公司的许多现场工程师运用大量的测井仪器获得的。由于数据采集过程缺乏稳定性，同一地层的特征变化很大，数据值遍布各个区间。许多地球物理学家认为，数据的混乱和不一致可以由数据标准化解决[1]。

数据标准化实例：

（1）一个油田有 600 口井，均有孔隙度测井。

（2）其中 400 个测井数据是正确的，读数为 23pu。

（3）80 个测井数据在仪器运行前使用了较差的刻度仪器，结果读数为 24.5pu。

（4）120 个测井数据没有做过仪器偏距校正，结果读数为 26pu。

（5）600 口井的孔隙度均值为 23.8pu。

（6）经过数据标准化后，600 口井的数据都变得不准确，而不是开始的 200 口井不准确。

这个例子或许有点夸张讽刺。实际上许多岩石物理学家悉心进行数据标准化。标准化可能是进行全油田分析的唯一可行方式，特别当时间紧迫，截止日期临近之时。

尽管如此，只有当所有其他方法都行不通时，标准化才应该被采用。在这种情况下，应遵守以下步骤：

（1）首先辨认和区分地质稳定和横向连续的地层。对测井数据进行质量控制。把劣质测井数据排除在标准化之外。

（2）在标准化中，对新近测量的并具有全面测井项目的井予以额外的权重。

（3）根据合理的测井仪器物理原理，在地质稳定的地层，对可疑的测井数据进行转换以匹配优质的测井数据。

（4）相同的转换可以进一步使用在不稳定（如横向连续性较差）的地层。但稳定的地层和其他地层之间的井况（井眼、钻井液、井眼轨迹等）的变化需要仔细分析。

（5）所有标准化步骤需要记录下来，这样可以消除标准化导致的数据变化，以便进行有更好质量控制的再度标准化。

（6）有必要记住有些个别的特殊井眼需要单独处理，因为露头的观察证实了自然界中经常有缺乏横向连续性的实例。而数据标准化却是基于所测地层具有非常好的横向连续性这一假设。

10.3 数据清理

清理数据被认为是解决数据问题的最终方案。数据清理或者清洗旨在侦测并更正（或消除）损坏的或者不准确的记录。这个术语主要用于数据库，指发现不完全、不正确、不准确、不相关的数据部分，然后替代、修改或者删除这些"脏"数据❶。

关于数据清理的声明是夸张的：

ABC 勘探与 XYZ 开发使用 LMN 软件自动清理数据至 4~6 个方差水平（质量水平达到 99% 或更高）。

具有百分之几不确定度的原始数据是如何被清理成只有百万分之几不确定度的呢？这对大多数人来说是一个谜。自动这个属性最具噱头，因为完善一个数据集合本身就是高难度的脑力工作，而不是光由机器人或者软件就可以完成的。

通常，清理中会侦测到多个条目（数据库里同一口井被输入不同名字）。在多个记录中，会保留其中一个作为真正的记录。其余的记录都不需要。清理通常是基于一系列逻辑法则进行的自动操作（一个保险公司的例子：一个人要么是男性要么是女性，他或她不能同时既是男也是女，或者两者都不是）。这样的逻辑法则会将误差引入使最终的数据造成偏差[2]。

"第一次就把事情做对"的原则很适用于数据。接下来的任何操作都可能不会被很好地保留记录。曾经见到过数据采集公司很难冻结交付的数据对象数量（对某一个给定的井下参数）。因此，对于一个非数据采集专家的外部机构来说，验证数据集合的完整性是非常困难的。数据清理减少了数据，但不增加任何信息。

---

❶ 该定义来自于维基百科。

10.4　将解释作为数据质量控制的手段

考虑到数据采集的过程是难以控制的，数据使用者经常依赖测井解释来验证井下数据。他们依赖一个奇怪的模式，即好的数据可以解释，但差的数据不能。

10.4.1　错误数据可以解释之例一

一台密度测井仪在致密坚硬的地层多次进行测量，仪器极板严重磨损。密度探测器前面的金属已经不多，更多的伽马射线抵达探测器。所有的密度读数都因此变得更低。结果，从密度值算出来的孔隙度比实际值高。最后的解释结论是较高的孔隙度和较高的油气体积，领导也因此感到满意。

10.4.2　错误数据可以解释之例二

另一台密度测井仪刻度不当，所有的密度读数偏高。岩屑的描述显示有一些黄铁矿颗粒。解释人员将黄铁矿加入多矿物模型，计算出来的黄铁矿体积含量比实际值高很多，但是解释结果取得了一致。结论是，劣质的数据也可以取得一致的（但不正确的）测井解释结果。

10.5　采收率

采收率是可采出的油储量与地下含油总量的比值。

两个非油田相关的趣闻可以提供一些关于采收率的理解：

（1）一个医生对一个健康的病人解释说他有 100 岁的潜在寿命。如果他不每年进行体检，只能活到 20 岁。如果他做一次体检，他 35 岁时可能依然健在。

（2）类似的，一个人听说他的八辈远祖很多年前给他留下了十万美元遗产。用最好的银行投资和最精明的理财，他有望能拿到三万五千美元。

这两人的经历并不能让人印象深刻。但在石油工业，这样的事情每天都在发生。一些年前，20%~25% 的采收率还算是正常。现在看来 35% 才能算是一个不错的数字❶。而这个数字还不够好❷。

很明显，采收率的飞速提高对石油工业来说优先级是最高的。高质量的油田数据是提高采油率的基石。只有通过更好更准的油气田信息，才可能对油藏取得更深层次的理解，从而产出更多的油气资源。

10.6　小结

（1）明智的领导兼顾短期和长期的价值，而不为崇尚短期利益的人性所驱使。

（2）数据标准化要求细心和专业知识。

---

❶　有些油田号称有高达 50% 的采收率。

❷　物理机制限制超高的采收率。

（3）数据清理旨在减少，而不是增加数据量。

（4）数据无论好坏，都可以解释。一致性的解释并不能保证所采数据的正确性。

（5）提高采收率是石油工业的第一目标。高质量的数据为这一目标提供保障。

参 考 文 献

［1］ Kane J. A. , Jennings Jr. , J. W. , "A method to normalize log data by calibration to large-scale data trends," paper SPE 96081-MS, SPE annual technical conference and exhibition, Dallas, Texas, 2005.

［2］ Muller H. , Freytag J. , *Problems*, *Methods*, *and Challenges in Comprehensive Data Cleansing*, Humboldt-Universitätzu Berlin, Germany, 2003.

11 测井数据的用途

> 数据采集的目的在于为决策提供依据。
>
> ——W. 爱德华兹·戴明，1938 年
>
> 一项准确的测量结果胜过一千条专家意见。
>
> ——格雷丝·霍伯（1906—1992）

前文主要讨论了用户对测井数据的过度简化和错误认识。不同的测井作业虽然在方案上大同小异，但测井资料的用途可能是多种多样的。要对数据采集流程进行优化，首先要清楚地了解数据的长远应用。

质量管理学泰斗爱德华兹·戴明曾经反复强调，数据采集主要是为了支持决策。也就是说，如果不需要做出决策，就没有必要采集数据。假设一项测井资料没有经过质量控制和分析，也没有提供任何决策依据，只是用来存档，那么采集这项数据就没有多大意义❶。在详细阐述数据的不同用途之前，有必要先研究一下数据与决策的关系。

11.1 数据与决策

决策的过程在相关文献[1-3]中已有充分讨论，本节只作简要说明。影响决策❷的三个重要因素包括：

（1）判定阈值（T）；

（2）描述当前问题的某一重要参数的测量值 M；

（3）该测量值的不确定度 σ，或 M 的置信区间 $[M-\sigma，M+\sigma]$。

得到测量值后，首先要结合所有可能的不确定度来源，计算出置信区间的上限 V_{max} 和下限 V_{min}（$V_{min}=M-\sigma$，$V_{max}=M+\sigma$，参见文献 [4，5] 中的指导建议）。如果 V_{min} 高于决策阈值 T，则采取决策 D；如果 V_{max} 低于 T，则采取相反的决策 D_{opp}。

11.1.1 对控制胆固醇做决策的例子

这里考虑一个简单常见的决策问题：血液中胆固醇水平的控制。表 11.1 列出了 4 个案例的不同结果。

（1）T：200mg/L。

（2）D：服用抗胆固醇药物。

（3）D_{opp}：不服用抗胆固醇药物。

（4）M：胆固醇水平测量值（假设测量过程规范且经过严格控制）。

---

❶ 对数据进行分析后决定不采取任何行动也是一项决策，这跟健康人做体检是一样的道理。

❷ 占星和预言术不在讨论之列。这里只考虑客观决策。

（5）测量不确定度：±10mg/L。

表 11.1　胆固醇案例分析

案例	胆固醇水平（mg/L）	决策
1	270	采取 D
2	150	采取 D_{opp}
3	205	无法采取决策
4	195	无法采取决策

案例 3 和案例 4 需要采用不确定度更小的测量方法才能做出决策。

11.1.2　按体重秤做决策的例子

很多情况下需要了解一个人的体重，例如：
（1）饮食和健康方面的问题可能需要依据体重做出决策；
（2）拳击和摔跤比赛按照体重来划分重量级；
（3）某些文化中，人的体重被用于折算贵重金属的质量。

应用场合不同，对不确定度的标准也不同。在上面的几个例子里，比赛分级对于体重测量的准确度要求最高。❶

11.1.3　基于地球科学数据做决策的例子

现在假设选择了某项参数作为一项决策的重要依据，并且确定了决策阈值——如果参数低于阈值则弃井，否则完井。同时，通过对参数不确定度进行控制和量化，也得到了测量值的置信区间。

（1）案例一。

这里测量结果及其置信区间都高于决策阈值，因此可以明确地做出决策。

以三角洲沉积层的泥质砂岩的孔隙度为例，假设决策阈值为 20pu，如果孔隙度低于这个值，就认为这口井是干井；高于 20pu，则说明可以进行完井。假设测量结果为 26 孔隙度单位，而置信区间为±2pu（数据质量的一般标准），说明真值在 24～28pu，远高于决策阈值。这种情形会大大降低决策难度，对开发人员十分有利（图 11.1）。

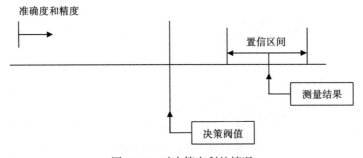

图 11.1　对决策有利的情况

---

❶　重量级制度的产生导致了运动员有意减重的现象大量增加。重量级相同时，体重较重的选手通常更具优势，所以运动员为了进入较轻一个重量级参赛，会在称重前通过节食和脱水来快速减重。

（2）案例二。

测量结果高于决策阈值，但部分置信区间低于决策阈值。

这里采用致密碳酸岩（如美国落基山脉或中国裂缝性地层）的孔隙度作为例子。假设决策阈值为 6pu，测量结果为 6.5pu，不确定度与上一个案例相比降低到 ±1pu，则真实孔隙度落在 5.5pu 至 7.5pu 之间，不能作为充分的决策依据（图 11.2）。

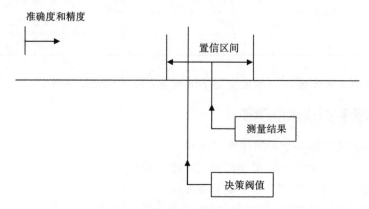

图 11.2　对决策不利的情况

由于案例二中的储层条件较差，测井公司需要设计精确度更高的仪器，并且采取更为严格的操作流程控制，才能满足对测井作业的高要求，因此面临的压力比案例一要大得多。

11.1.4　测井解释面临的挑战

控制胆固醇的例子是最简单的情况。在岩石物理学的实际应用中，确定决策阈值和测量的不确定度往往更加复杂。较为复杂的参数（如油气储量）经常有通用的阈值，而几种基本测井方法（如密度、电阻率）的不确定度可以通过推导得出，详见第 12 章、第 13 章。有两种方式：

（1）从基本测井测量出发，利用不确定度传播理论推导复杂参数的不确定度（图 11.3）。文献［3］详细解释了这一过程。

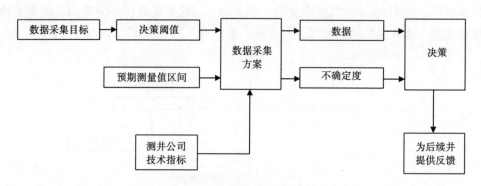

图 11.3　决策分析流程图

（2）从复杂参数反推出基本参数的决策阈值（图 11.4）[8]。

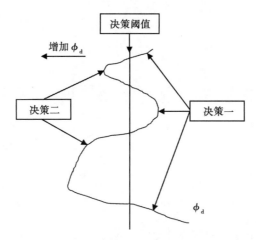

图 11.4　根据密度测井做决策的一种可能情况

ϕ_d—密度测井孔隙度

11.2　测井资料的作用

同一类型的测井数据可以被用作多种目的。下列应用对数据准确性（这里指准确度和精度的定性结合）的要求依次增加：

（1）建立地质模型时用于深度对比；

（2）用于初步估算储量；

（3）用于监控储层参数在开发过程中的变化；

（4）用于精确计算储量以进行资产评估；

（5）用于实现联合经营或重新调整权益（re-determination）时进行资产划分。

下面将对上述各项作用进行依次讨论。这里需要重申的是，虽然采集数据的机会有限，但数据的后续用途相当广泛[7]。

11.2.1　深度对比

要研究储层特性，首先要了解它的几何形状。通过进行井间对比，可以从三维（3D）体积模型中辨认出相同的地质层位。深度对比可以使用任何能反映岩石、岩性、矿物成分或流体类型变化的曲线。这里需要的只是定性的信息，因此对测量值的要求并不高（图11.5）。

这一环节最重要的是从测井公司获取精确的或可再现性高的深度值。如图11.6所示，深度控制上的缺陷会给储量估算带来很大误差。

与深度相关的问题详见第15章。需要注意的是，深度对比在某些地层结构中并不容易（图11.7）。

11.2.2　油田开发初期油气储量估算

利用勘探井数据对储层结构进行一定了解后，就可以开始初步的储量估算。这一步得到的储量值只是暂时结果，随着信息的完善应当不断调整更新。这里由于需要进行定量计算，

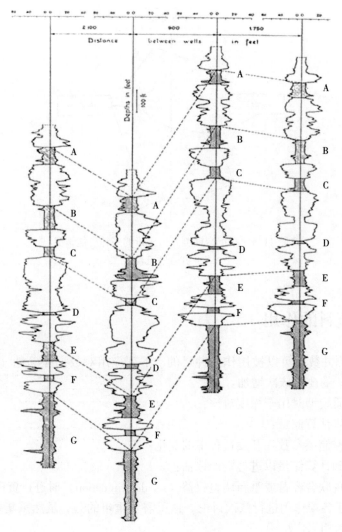

图 11.5　井间对比

井间距离（ft），深度（ft）

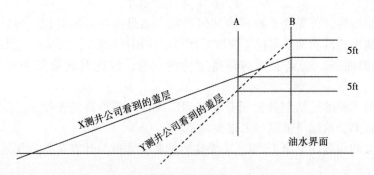

图 11.6　油井 A 和 B 都穿过盖层

X 测井公司采用严格的深度控制，给出了正确的深度值；Y 测井公司的深度控制流程存在缺陷，使得油井 A 的测量值比真实值深 5ft，油井 B 比真实值浅 5ft，最终得到的储层体积大大缩小了。

注意，这个例子里的两口井都没有穿过油水界面

图 11.7 可对比性差的地层（阿根廷地质露头）

对岩石物理特性参数的准确性要求有所提高。目前采收率仍然是定义最不完善的参数之一❶。这一阶段可能遇到的高风险情况见表 11.2。

表 11.2 高风险情况

挑　　战	备　　注
波速异常	等时的背斜可能被变换成等深的向斜
储层圈闭平缓	微小的波速变化可能改变整个等深线图
互相间隔的圈闭	可能存在不同的压力机制
倾斜油水界面	可能存在不同的流体动力学机制
未被探测到的流体界面	
储层厚度的侧向变化	
孔隙度的侧向变化	
岩性的侧向变化	
存在溶孔或不连通的孔隙度	影响渗透率、毛管压力和流动特性
油气类型的不确定度	
低孔隙度储层	样本代表性问题
薄层地层	
多矿物地层	

11.2.3 强化开采

以上讨论的数据大多指裸眼井测井资料。为优化油田开发，在油田开始生产后，还需要通过套管井测井进行储层监测。

储层监测需要测量同一参数（如含水饱和度）随时间的变化。这就对测量值的稳定性和仪器测量的可再现性提出了要求。以碳酸盐岩中的套管井含水饱和度监测为例，当油水界限差别很小时，测量的难度就很大。

11.2.4 油田研究

油田投入生产若干年之后，随着多口开发井钻探完毕，开发人员也对储层特性有了更深

---

❶ 目前世界油田的平均采收率为 30% ~ 35%（1980 年为 20%）。这一参数的变化范围很广，特重原油的采收率只有 10%，而北海地区一些最先进的油田能达到 50%。

入的了解。石油公司此时已经收集了大量数据，因此通常会在这一阶段开展油田研究。但需要注意的是，数据量与研究结果准确性之间并没有必然联系。

例如，某公司为进行时间推移油气重力驱油监测，详细分析了套管井和归一化裸眼井中子测井资料。尽管数据的归档与校正流程都极为规范，不确定度仍然高达2~3pu，不能满足0.5pu的要求。最终研究人员重审了所有的原始数据，发现在数据处理和仪器刻度同时存在偏差的条件下，总体不确定度低于±2pu是不现实的。

11.2.5　联合经营和重新调整权益划分

在油田存在多个合伙人时[8]，定量的油田评估尤为重要。岩石物理学参数的一个微小变化就可能对油气体积的计算产生重大影响。

例如，某油田可采储量约为 $2.5×10^8$ bbl。以每桶原油80美元的价格计算，整个油田的产量为200亿美元。这意味着持股比例出现0.001%的变化就会导致总资产价值相差20万美元，因此数值的精确度至关重要。表11.3给出了一个4家公司重新调整占股的典型例子。

表11.3　重新调整权益的例子

合伙人	原始持股（%）	调整后持股（%）	持股变化（%）	金额（百万美元）
A公司	28.00	26.9425	-1.06	-211.50
B公司	12.00	11.1744	-0.83	-165.12
C公司	36.00	34.6605	-1.34	-267.90
D公司	24.00	27.2226	3.22	644.52

11.2.6　数据的多种用途举例

为确认地质模型和快速产生现金流动，某油田决定开钻一口评估井。钻探和下套管完毕后，该井即刻投入生产。这里以孔隙度测井资料为例来讨论数据可能的用途。

步骤1：地质模型的定性预测和生产开始时间的预测。勘探井和评估井数据之间的对比可为决策提供依据。

步骤2：在二次开发项目初期监测剩余原油体积。

步骤3：在三次采油项目初期监测剩余含油饱和度。

步骤4：重新划分产量持股比例。

表11.4总结了项目不同阶段对数据准确度和精确度的要求。

表11.4　数据质量标准随项目阶段的变化

	深度值可再现性	数据准确度	数据精度
井间对比	*****	**	**
基本解释	***	***	***
深入解释	**	****	****
强化开采	****	***	*****
持股调整	*****	*****	*****
资产划分	*****	*****	*****

注：*表示重要性，越多表示越重要。

11.3 数据的价值

前文讨论了数据的不同用途。数据可以被反复应用在不同场合，这也是数据本身的一个特殊属性。图 11.8 中的美索不达米亚石板记载的食谱，距今已有 5000 年的历史。几千年来，石板上的文字被反复阅读和翻译，而这一古老的食谱可能也被使用了成千上万次。

同样，测井资料的应用也体现在油田的整个生命周期的各个阶段，有时可能长达几十年。在前面的例子里看到，孔隙度数据首先被应用于储藏的初步定性评估和定量评估，然后在接下来的时间推移监测中作为参考，最后又被用于持股调整的依据。数据的生命周期可能达到 40 年以上。

多数情况下人们对数据的后续使用考虑得很少，采集数据的决策主要是由初次使用的价值决定的。如图 11.9 所示，决策层计划投入 10 万美元，而数据的直接价值约为 15 万美元。

图 11.8　5000 年前的数据（据卢浮宫博物馆）

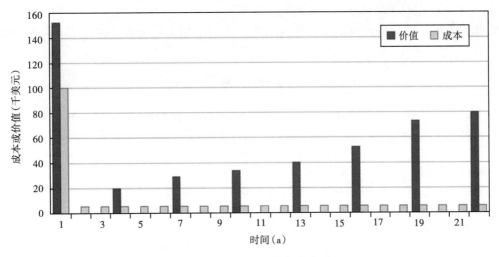

图 11.9　数据长期价值与成本对照

可以看到同一数据后来被反复使用：第 4 年（2 万美元）、第 7 年（2.5 万美元）、第 10 年（3 万美元）、第 13 年（4 万美元）、第 16 年（5 万美元）、第 19 年（7 万美元）和第 22 年（8 万美元），见表 11.5。这里对后续使用的价值只作保守估计。持股调整时使用的数据通常价值很高，因为油田所有权可能因此产生重大变化。在这个例子中，数据的累计价值高达 46.5 万美元（按照现值计算），而数据的成本仅包括原始投入（10 万美元）及存档成本

（0.2 万美元/a）两项，累计 14.2 万美元。因此，数据采集和存档的花费无疑是明智的投入。

从测井公司的角度来看，数据质量不合格也会造成利益损失。如果某项测量发生失误，那么该公司未来的测井服务价格必然会受到影响，甚至有失去合同的可能。

表 11.5 数据成本与价值在油田生命周期中的对比

时间（a）	1	4	7	10	13	16	19	22	总计
成本（千美元）	100	2	2	2	2	2	2	2	142
价值（千美元）	150	20	25	30	40	50	70	80	465

数据是唯一可被低成本重新使用的资产。重新使用人力资源需要再次支付费用，重新使用设备需要维护和翻新，而数据只需要进行专业归档即可。但需要强调的是，只有完整、客观、记载清晰、可追溯性好的数据才能被重新使用。对于生命周期长达几十年的数据来说，要验证其有效性并不容易，因为数据采集时无法预知未来的质量标准。

数据采集过程中的一些漏洞可能为未来的应用带来风险。比如说，一场关于油田所有权的争夺需要用到一项 20 年前的数据，此时人们发现该数据并没有经过完整的刻度校验，这一关键数据因此不能被用于谈判依据，损失可达数百万美元。

11.4 小结

（1）数据可用于多种目的。
（2）数据的生命周期可能长达数十年。
（3）不同应用对于准确度和精度的要求也不同。

数据损失不一定立即看得出来。它造成的重大财务损失可能在数据采集多年后才显示出来。

参 考 文 献

［1］ Blacker, S., "Decision-making process for streamlining environmental restoration: risk reduction using the data quality objective process," 19th annual national energy and environmental quality division conference, 1994.

［2］ Liu, S., Ford, J., "Cost/benefit analysis of petrophysical data acquisition," SPWLA 49th annual logging symposium Edinburgh, Scotland, May 25-28. 2008.

［3］ Theys, P., Log data acquisition and quality control, Éditions Technip, 1999.

［4］ ISO, International Organization for Standardization, Guide to the Expression of Uncertainty in Measurement (ISO/TAG4/WG3), Genève, 1995.

［5］ Taylor B. N., Kuyatt C. E., Guidelines for evaluating and expressing the uncertainty of NIST measurement results.

［6］ Kimminau, S., private communication.

［7］ Louis, A., Boehm, C., Sancho, J., "Well Data Acquisition Strategies," SPE 63284.

［8］ Davis. N., Downing. J. A., Gouldstone. F., Lolley. R., "The mathematics of unitisation - a zero sum game," SPWLA, 10th European formation evaluation symposium transactions, Aberdeen, 1986.

12　手册技术规格

“……测量与之前相比有所改善”“业界唯一的……”“比……精确一倍”。

——摘自数据采集公司技术手册

第 11 章讨论了测量值、决策阈值和置信区间三者的重要关系。数据采集公司负责给出公正无偏差的测量数据，石油公司管理层负责决定决策阈值，那么如何确定置信区间呢？这一过程并不简单。将在下面两章中给出解释。

本章主要讨论与数据采集公司技术规格相关的问题，下一章会详细说明如何将这些技术规格应用于真实的测井环境，从而量化实际的不确定度。

12.1　技术规格的重要性

对岩石物理学工作者和其他测井数据用户的调查显示，人们对测井资料的技术规格知之甚少。实际上对技术规格的了解是至关重要的：如果不把实际测量结果与数据采集公司提供的技术规格相比较，就无法评价该项数据的有效性。

图 12.1 就是一个很好的例证。如图 12.1（a）所示，包括 4ft 的厚层和 6in 的薄层；3 家公司使用不同测井仪分别对该地层进行了测量，得到三条曲线，如图 12.1（b）至（d）所示。

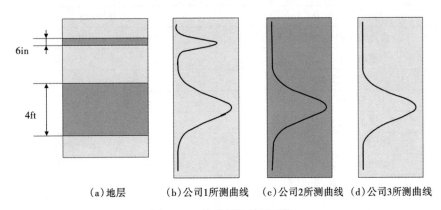

（a）地层　　（b）公司1所测曲线　　（c）公司2所测曲线　（d）公司3所测曲线

图 12.1　技术规格的重要性

哪一条曲线是无效的？注意图（c）曲线和图（d）曲线的形状完全相同

事实上，只有测量曲线是不够的。要判断测量结果有效有否，还必须参考表 12.1 中给出的附加信息。

公司 2 和公司 3 给出的测量结果看似相同，但只有公司 3 的曲线是可接受的，因为所使用的仪器不能探测到厚度小于 2ft 的地层；而公司 2 宣传的垂直分辨率很高，实际上却没有检测到薄层。

因此，如果数据采集公司宣传的测量准确度很高，但却不能给出结果不符合规格的原因（如仪器刻度误差、环境影响、仪器故障等），那么就可以认为该测井曲线是无效的。

表 12.1　不同公司给出的垂直分辨率

数据采集公司	垂直分辨率
公司 1	3in
公司 2	3in
公司 3	2ft

12.2　数据采集公司提供的技术规格

数据采集公司有时不愿意提供详细的技术规格。他们给出的技术规格大多只适用于对测量有利的条件，而与实际测井环境相去甚远。不同公司使用的仪器与技术千差万别，但有时给出的技术规格竟然完全相同。

12.2.1　过分强调仪器正常工作的技术规格

数据采集公司常常反复强调仪器正常工作的条件，却很少提供测量质量的相关信息以及达到此质量水平所需的条件。在表 12.2 给出的例子列出了明确的压力和温度上限，但没有任何关于仪器准确度的数据。

表 12.2 中唯一一项与测量相关的参数是探测深度（DOI）❶。

表 12.2　测井仪器 AAX 的技术规格

规格名称	规格值
最小井径（in）	$5\frac{7}{8}$
最大压力（klbf/in²）	20
最高温度（℃）	150
仪器长度（ft）	32
仪器外径（in）	5
仪器重量（lbf）	1200
最大测井速度（ft/h）	250~3000
探测距离（DOI）（in）	1.5~2.7

注：关于测量准确度的信息很少。

12.2.2　技术规格雷同

有些技术规格看起来并不可靠。有时测井仪器的尺寸不同，探测器及其晶体类型不同，制造公司也不同，但精确度规格竟然完全一样，见表 12.3。

---

❶　DOI 有不止一个定义，可以指探测深度（depth of investigation）、探测直径（diameter of investigation），甚至侵入直径（diameter of invasion）。

表 12.3　4 家不同公司的技术规格

公司	A	B	C	D
密度准确度（g/cm³）	±0.015	±0.025	±0.025	±0.015
密度精度（g/cm³）	±0.006	±0.025	±0.015	±0.0075

注：规格数值相同是不现实的巧合。

12.2.3　技术的过分夸大

数据采集公司给出的技术规格往往经过夸大，因而对用户毫无用处；通过相对比较和定性描述给出的规格也意义不大。最好的办法是让事实说话。斯伦贝谢公司的深度测量规格就是一个过于乐观的例子。该公司宣称仪器在 10000ft 深的地层中准确度能达到 ±5ft，精度达到 ±2ft，但经验表明深度测量在这些条件下的准确度很少能达到 10ft 以下。深度测量的难度众所周知，但数据采集公司往往不愿意说出实情。

12.2.4　提供的技术规格不足

测量的技术规格应当由 4 个属性构成：准确度、精度、探测深度、垂直分辨率。每个属性都应采用客观、正确、记载完整的定量信息来描述。技术手册中最好也能给出这些规格的具体应用范围。

12.3　技术规格的基本定义

技术手册中的技术规格绝对有必要统一定义。

12.3.1　精度

精度（随机误差的上限）的定义常常基于统计误差服从高斯分布的假设（图 12.2）。

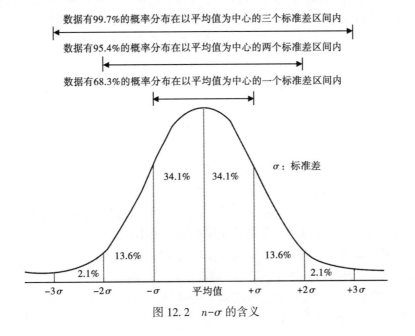

图 12.2　n-σ 的含义

这里有必要复习一下用 n-σ 表示精度的含义。当某个地层参数存在多个测量值时，取最接近真实值的点作为期望 x，可以绘成标准差为 σ 的高斯曲线。这里的 σ 即测量值的不确定度。实际测量值有 68.3% 的概率落在 x-σ 和 $x+\sigma$ 之间，95.4% 的概率落在 x-2σ 和 $x+2\sigma$ 之间，99.7% 的概率落在 x-3σ 和 $x+3\sigma$ 之间。

物理学家更喜欢使用 2σ 代表不确定度的上下限，而数据采集公司通常只用一个 σ。这里建议数据采集公司指明所给出的是"在 x 个 σ 时的精确度"（x 可以是 1，2，3）。

12.3.2　垂直分辨率

垂直分辨率有很多相悖的定义[1]。因此技术手册应当清楚指明所采用的定义是哪一种。

12.3.3　探测深度

仅给出单一的探测深度值可能会产生误导。大多数电阻率测量仪的探测深度是指累计几何因子达到 50% 时所对应的距离，而核测井仪器则是累计几何因子达到 90% 时的距离。可取的做法是将累计几何因子 10%、50%、90% 所对应的三个距离一并列出[1,2]。

12.3.4　技术规格的应用条件

技术手册中应当说明各技术规格的适用条件。通常来说这些条件是极为宽松的。完善的技术手册还应该指出实际井眼环境对各项规格的潜在影响，最好也能列出校正算法和校正图表的参考文献[3]。

12.3.5　对技术规格进行实测

在测量仪器被推向市场之前，技术手册中列出的各项规格必须要在原型机或第一批仪器现场测试时进行确认。

遗憾的是，目前技术规格大多由数据采集公司直接提供，没有第三方机构和监管部门进行检查。Spartan 和 Europa 等项目曾经做过一些对测井仪器进行中立测试的尝试，但都在几年之后以石油公司撤资而告终。事实上这类独立机构的地位不应该被低估。

12.4　准确度技术规格的获取

12.4.1　量化系统误差

获取准确度技术规格的第一步是列出影响测量结果的系统误差[4,5]，包括仪器响应误差、刻度误差和环境校正误差。

仪器响应误差可以通过最小二乘法得出。最小二乘法是用来寻找与离散实验点或仿真结果相匹配的响应方程的优化技术。仪器响应误差通常很小。

刻度误差可以通过让几组人员分别刻度仪器的试验方法得到。

环境校正误差是环境校正产生的数据误差。

结合以上各项，就可以得到总系统误差。注意前述各项误差并不一定符合高斯分布，因此代数求和比二次高斯求和更合理。

12. 4. 2　技术进步带来的挑战

改进技术通常是为了提高准确度，因此改进后的仪器准确度技术规格应更接近 0（0 代表最高准确度）。只有当准确度的各个组成部分都有所改善，整体准确度才能相应提高。也就是说，系统刻度误差、仪器响应误差和环境校正误差要同时降低。如图 12.3 所示的孔隙度测量仪尽管采用了更为高级的电子技术或探测器，但只有同时改进刻度流程和设备，总体准确度才能提升。刻度误差在改进前为 1pu，改进后需要降低至 0.5pu。

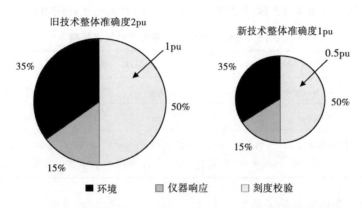

图 12.3　组成误差的各个部分都有所改善，整体准确度才能提高

12. 5　精度技术规格的获取

精度的概念主要适用于核测井仪器（其他类型的仪器精度通常很高，接近 0）。将误差传播公式应用于原始计数率，就可以计算得到精确度值。已有精度可以通过在测试井的同一段地层进行反复测量来验证[5]。

12. 6　可再现性技术规格的获取

可再现性是指用不同仪器测量同一参数后，两次测量结果之间的差异。数据采集公司极少提供这项信息。表 12.4 给出了一个罕见的例子。

表 12.4　西方阿特拉斯公司仪器手册中的可再现性信息（据 SPWLA）

视中子孔隙度均值 ϕ_n（pu）	单台仪器 （3 次测量标准差）	不同仪器 （测量标准差）
25	0.45	0.62
14	0.14	0.30
4	0.07	0.17

注：这个例子里，可再现性比精度低 50%~100%。

实际中获取可再现性技术规格非常容易，只要使用不少于两台仪器对同一口井进行测量即可。可再现性对油田研究有重大意义，因为所有井眼的测量都使用相同仪器和操作人员是不现实的。

87

12.7 完整技术规格的范例

12.7.1 密度测量的准确度和精度

完整的技术规格应对准确度和精度进行分别描述，见表12.5。

精度技术规格不能直接使用，因为获取精度时所测量的密度值和测井速度并不一定适用于实际的测井环境。将在第13章讨论将试验条件转化为实际条件的方法。

表12.5 斯伦贝谢公司的密度仪器技术规格

项目	ADN475	LDT	Pex
测量范围	1.7~3.05g/cm³	1.6~3.00g/cm³	1.6~3.00g/cm³
准确度	0.015g/cm³	0.010g/cm³	0.010g/cm³
统计可重复性	0.006 @ 2.5g/cm³ @ 200ft/h，三点取平均，采用$\sigma_1-\sigma$定义	0.0038@ 2.5g/cm³@1800ft/h，三点取平均，采用$\sigma_1-\sigma$定义	0.0033 @ 2.5g/cm³，@ 1800ft/h，三点取平均，采用$\sigma_1-\sigma$定义

举例：准确度和精度间的矛盾。

精度的提高可能是以牺牲准确度为代价的。例如，随钻密度中子仪器（ADN）的设计号称"充分考虑钻井人员的需要"，不使用扶正器时的测量精度比使用扶正器更高（表12.6）。但事实上不使用扶正器时的准确度要降低很多。

表12.6 不使用扶正器测井的精度更高，但准确度更差

项目	ADN4		ADN6	
扶正器的使用	不使用扶正器	使用6.125in扶正器	不使用扶正器	使用8.5in扶正器
长源距计数率（脉冲数/s）	921	283	1143	310
精度（g/cm³）	±0.0032	±0.0057	±0.0028	±0.005

12.7.2 电阻率测井的垂直分辨率

有的公司会列出多个垂直分辨率数值。这是合理的做法，因为垂直分辨率会随测量值变化。

(1) 相位电阻率（所有源距）：0.7ft@0.2Ω·m，2.0ft@200Ω·m。

(2) 幅度电阻率（所有源距）：1ft@0.2Ω·m，8ft@50Ω·m。

在这个例子里，高阻地层中的垂直分辨率更差。

12.7.3 电阻率测井仪的探测深度

仅有单一的探测深度值通常不足以了解电阻率测井仪器的实际性能。用户需要通过表12.7中列出的各项信息来理解电阻率测量值特性与实际地层的关系。

表 12.7　随钻测井幅度电阻率与相位电阻率的探测深度（据斯伦贝谢公司）

幅度电阻率（Ω·m）						
几何因子	源距	10in	16in	22in	28in	34in
1Ω·m 时的探测 半径（in）	10%	8.5	12.3	15.1	17.5	19.2
	50%	15.0	18.3	21.5	23.7	26.2
	90%	23.0	26.0	28.7	31.2	33.5
50Ω·m 时的探测 半径（in）	10%	34.7	36.1	36.2	39.1	41.5
	50%	59.8	60.7	61.6	63.7	65.5
	90%	88.2	89.0	89.8	90.8	91.7
相位电阻率（Ω·m）						
几何因子	源距	10in	16in	22in	28in	34in
1Ω·m 时的探测 半径（in）	10%	5.4	7.0	8.3	9.5	10.6
	50%	9.1	11.2	13.2	14.7	16.1
	90%	13.6	15.8	17.6	19.6	21.1
50Ω·m 时的探测 半径（in）	10%	7.1	10.2	13.2	16.0	18.7
	50%	17.1	23.8	29.7	34.8	39.6
	90%	51.3	61.2	68.0	73.0	76.8

12.8　其他信息

某些隐藏信息并不是以技术规格的形式给出的，但对用户可能非常有用。

图 12.4 绘出了高分辨率感应测井的适用范围和局限性。垂直分辨率为 1ft 的曲线不适用于电阻率高于 $100\Omega·m$ 的地层；同样，2ft 曲线不能用在 $500\Omega·m$ 以上的地层，4ft 曲线也不能用在 $1000\Omega·m$ 以上的地层。

推荐偏距表的作用是提醒用户，错误的偏距条件会导致不准确的结果（表 12.8）。

表 12.8　阵列感应测井（AIT 系列）仪器的推荐偏距

井眼尺寸（in）	推荐偏距（in）	
	B、C、H、M、HIT 系列阵列感应测井仪器	SAIT, QAIT
≤5.0	—	0.5
5.0~5.5	—	1.0
5.5~6.5	0.5	1.5
6.5~7.75	1.0	2.0
7.75~9.5	1.5	2.5
9.5~11.5	2.0+弓形弹簧	2.5
≥11.5	2.5+弓形弹簧	2.5

注：SAIT—小井眼阵列感应测井仪；QAIT—小井眼恶劣环境阵列感应测井仪。

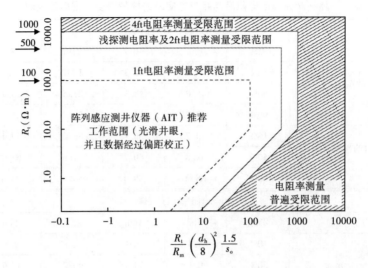

图 12.4 感应电阻率测量规划图，给出了高分辨率感应测量的局限性（据斯伦贝谢公司）
R_t—地层电阻率，$\Omega \cdot m$，R_m—钻井液电阻率，$\Omega \cdot m$；d_h—井眼直径，in；s_o—仪器偏距，in

12.9　不确定度初览

手册技术规格通常只适用于对测量最为有利的条件，而实际环境中的不确定度往往更大。在某些情形，手册清楚表明对不确定度测量的探索是困难的，高电阻率地层中的感应测井就是一个例子，见表 12.9[6]。

表 12.9　感应测井仪器技术规格（据哈里伯顿公司）

工作频率	在 10kHz、20kHz、40kHz 上同时工作
输出参数	实分量和虚分量信号及发射机电流值
输入参数	频率选择、仪器、井径、发射机驱动
测量范围	0.5~10000mS/m
实分量信号准确度	读数的5%；±1mS/m
虚分量信号准确度	读数的5%；±20mS/m

这里的准确度参数值得推敲。5%的准确度看似合理，但电阻率高于 $50\Omega \cdot m$ 时，第二项（±1mS/m）开始起主导作用（图 12.5），相对不确定度就会迅速升高。高电阻率（$100\Omega \cdot m$ 以上）本来是侧向测井❶的专长，但由于侧向测井仪器不能应用于油基钻井液，高电阻率测井因而形成了一大挑战。

---

❶　侧向测井测量高电阻率精度较高，而感应测井更适用于高电导率环境。

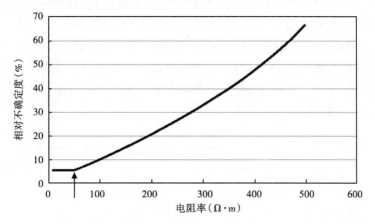

图 12.5　感应电阻率测井的相对不确定度
箭头指出了不确定度从固定百分比到固定电导率值的转变。仪器在高电阻率地层中面临挑战

12.10　用技术规格指导测井作业规划

　　掌握了完整客观的技术规格，用户就可以自行决定何种仪器能满足要求。图 12.6 给出

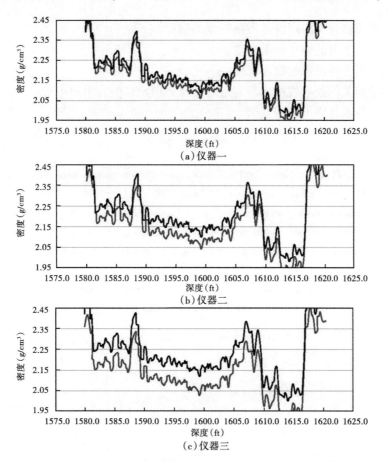

图 12.6　不同密度测量仪的技术规格，两条曲线标出实际测量值的上下限

了 3 种虚拟密度测量仪的技术规格（结合了准确度与精度）。仪器一的技术规格能达到
±0.015g/cm³，同时价格也最贵。两条曲线代表了实测地层密度可能达到的上下限。仪器二
的技术规格为± 0.030g/cm³，提供 30% 的价格折扣。可以看出仪器二测量值的波动范围也
更大。仪器三的技术规格为± 0.045g/cm³，但同时提供 70%的折扣。根据数据用途和项目预
算，用户可以在 3 种仪器之间进行选择。注意这里也必须要考虑数据的长远用途。

表 12.10 总结了测量特性与工作类型的联系。

表 12.10　不同情况对技术规格的不同要求

项目	勘探井	开发井	薄层	老井
准确度	＊＊＊＊＊			
可重复性		＊＊＊＊		
可再现性		＊＊＊＊		＊＊＊＊＊
垂直分辨率			＊＊＊＊＊	
探测深度	＊＊＊＊	＊＊＊＊	＊＊	＊＊＊＊

注：＊表示重要性，越多表示越重要。

12.11　小结

（1）对技术规格含义的理解是质量控制的前提。

（2）技术规格手册的编写尚需完善。

（3）数据采集公司提供的技术规格并不充分。

（4）与测量相关的技术规格容易通过定量计算得出，但在手册中很少见。

（5）完整的技术规格可能很复杂。

参 考 文 献

［1］ Flaum, C., Theys, P. P., "Geometrical specifications of logging tools：a need for new definitions," paper ZZ, Trans. SPWLA, 32nd annual symposium, Midland, 1991.

［2］ Theys, P., *Log Data Acquisition and Quality Control*, Éditions Technip, 1999.

［3］ Schlumberger marketing services, *Schlumberger chartbook*, 2009.

［4］ Theys, P., "Accuracy-Essential Information for a Log Measurement," SPWLA 38th annual logging Symposium, Houston, 1997.

［5］ Theys, P., "A serious look at repeat sections," SPWLA 35th annual logging symposium, Tulsa, 1994.

［6］ Halliburton, http：//www.halliburton.com/public/lp/contents/Data_Sheets.

13 不确定度的探索

当我们无法知道什么是真的时，我们应该遵循什么是最可能的。

——笛卡尔（1596—1650）

13.1 从数据采集公司提供的技术规格说起

当研究了由数据采集公司提供的文件后，数据用户可以对测量的不确定度进行一个合理的估计：

$$不确定度^2 = 准确度^2 + 精度^2$$

其中准确度和精度可以从数据采集公司的技术规格表中找到❶。

这种计算可以防止不确定度随不同的测井过程而改变。岩石物理学家仅仅会在极少情况下考虑到不确定度❷，他们往往会使用极小的常数，见表 13.1[1]❸。

表 13.1 工业界中使用的不确定度（据 SPWLA）

测井数据	GR	CNL	Rt	Sonic	LDT
标准差	±5%	±7%	±10%	±5%	±0.015g/cm³

这种方法有一定的局限性。首先，根据井眼状况和测井仪移动等的影响，在一定的测井间隔中不确定度不是一个常数。并且，不确定度也会随着测井数据的变化而改变。例如在密度测井过程中，不确定度随着密度的增加而增加❹。

13.2 实际不确定度

13.2.1 数据采集公司提供的不确定度

数据采集公司制造测井仪并进行相应的测试。因此，数据采集公司对测量数据和真实数

---

❶ 当同准确度和精度相关的不确定度之间相互独立时，此公式适用。

❷ 大多数岩石物理学家往往会忽视不确定度，他们认为由测井公司提供的数据准确反映了岩层参数。毫无疑问，以上的说法显得相当绝对。任何一个岩石物理学家，当他在使用一个通用的软件（ELAN、Multi. min、Quanti. min 等）时，他相信测量值，或者岩层模型中已经包含了不确定度。类似的，蒙特卡罗方法在工业界得到了广泛的应用。这个方法同样引入了不确定度的概念。然而现实情况是，所有这些方法都是对测量不确定度的一种简单近似。

❸ 这篇文章中使用的是斯伦贝谢公司的 LDT 和 CNL 测井仪器，但是其他测井公司的密度和中子测井仪也能够得到相似的结果。

❹ 当密度从 2.0g/cm³ 变为 3.0g/cm³ 后不确定度几乎加倍。

据之间的差异有一个清晰的了解。这种了解往往被记录在文献中，而不是在数据采集公司所提供的技术规格表中。从文献［2］的两个例子中，读者可以认识到不确定度的大小。

如图 13.1 所示，较粗的是电法测井曲线，两侧较细的是其不确定度。在高电阻率地层中，侧向测井深探测曲线其不确定度较小（约 10%），而感应测井深探测曲线的不确定度较大（40%）。同篇文献表明，由于采用了来自两种不同物理过程测量的电阻率，其计算所得 R_t 不确定度较小。

如图 13.2 所示，较粗的曲线为密度测井曲线，两侧较细的曲线是其不确定度。虚线代表最初测井结果。需要注意的是，在两个测井区间，不确定度的最大值远远超过了测量值本身。这种情况是由于测量结果受到钻井液、滤饼和不平整井壁的影响，从而导致测量结果低于真值。从图 13.2 中可以看出理论密度（对真实值的最佳估计）比真值要高，基本位于两个不确定度中间。这意味着由密度计算得到的孔隙度常常过于乐观。这种情况相当普遍❶。

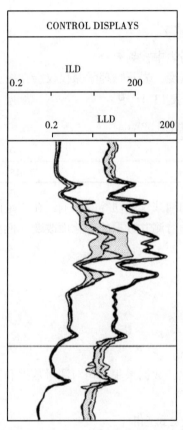

图 13.1　一个在 Global 上做出的 R_t 不确定
　　　度的例子（据斯伦贝谢公司）

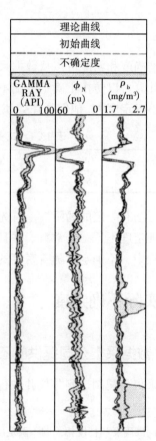

图 13.2　一个在 Global 上做出的不确定度
　　　例子（据斯伦贝谢公司）

---

❶　这也许是 Global（一种商业软件，图 13.1 和 13.2 由此软件做出）在商业上不是特别成功的一个原因。

以上图例表明，不确定度在测井过程中并不是一个常数。

13.2.2 多次测井过程中的不确定度

在对同一个地层参数的两次测量中，可能估计不确定度的大小。具体方法是对同一个地层间隔进行连续两次测量，或者在同一个组测井仪中放入两个相似的测井仪。文献［3］进行了两次密度测井（图13.3）。第一次下井采用了长轴法这种传统模式，而第二次下井则采用了一种特殊的偏心仪（短轴法）。两种方法的差异见表13.2，同时将这些差异同数据采集公司的技术规格参数（0.015g/cm³）进行了比较，并将密度转化成为孔隙度（岩石骨架密度为2.71g/cm³）。

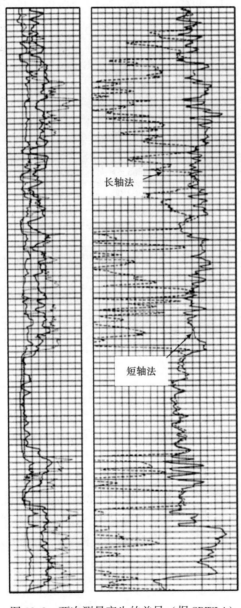

图 13.3 两次测量产生的差异（据 SPWLA）

表 13.2　不确定度评价

深度 （m）	读数#1 （g/cm³）	读数#2 （g/cm³）	Δ （g/cm³）	Δ/spec （%）	Δ/读数#2 （g/cm³）	ϕ_1 （pu）	ϕ_2 （pu）	$\Delta\phi$ （pu）	$\Delta\phi/\phi_2$ （%）
964	2.65	2.60	−0.05	−333.33	−1.92	3.51	6.43	2.92	45.45
965	2.63	2.65	0.02	133.33	0.75	4.68	3.51	−1.17	−33.33
966	2.60	2.60	0.00	0.00	0.00	6.43	6.33	0.00	0.00
967	2.30	2.70	0.40	2666.67	14.81	23.98	0.58	−23.39	−4000.00
968	2.40	2.70	0.30	2000.00	11.11	18.13	0.58	−17.54	−3000.00
969	2.45	2.65	0.20	1333.33	7.55	15.20	3.51	−11.70	−333.33
970	2.47	2.70	0.23	1533.33	8.52	14.04	0.58	−13.45	−2300.00
971	2.65	2.65	0.00	0.00	0.00	3.51	3.51	0.00	0.00
972	2.55	2.53	−0.02	−133.33	−0.79	9.36	10.53	1.17	11.11
975	2.52	2.52	0.00	0.00	0.00	11.11	11.11	0.00	0.00
974	1.90	2.55	0.65	4333.33	25.49	47.37	9.36	−38.01	−406.25
975	2.07	2.70	0.63	4200.00	23.33	37.43	0.58	−36.84	−6300.00
976	2.55	2.67	0.12	800.00	4.49	9.36	2.34	−7.02	−300.00
977	1.90	2.70	0.80	5333.33	29.63	47.37	0.58	−46.78	−8000.00
992	1.90	2.63	0.73	4866.67	27.76	47.37	4.68	−42.69	−912.50
993	1.90	2.68	0.78	5200.00	29.10	47.37	1.75	−45.61	−2600.00
994	2.60	2.70	0.10	666.67	3.70	6.43	0.58	−5.85	−1000.00
995	2.55	2.55	0.00	0.00	0.00	9.36	9.36	0.00	0.00
996	2.51	2.53	0.02	133.33	0.79	11.70	10.53	−1.17	−11.11
997	2.50	2.53	0.03	200.00	1.19	12.28	10.53	−1.75	−16.67
998	2.55	2.57	0.02	133.33	0.78	9.36	8.19	−1.17	−14.29
999	2.55	2.55	0.00	0.00	0.00	9.36	9.36	0.00	0.00
1000	2.46	2.45	−0.01	−66.67	−0.41	14.62	15.20	0.58	3.85

在表 13.2 中的在 23 个数据点中，只有 5 个差异等于或者低于数据采集公司提供给的技术规格参数。用灰色将这些点标注出来。两次密度读数的最大差异达到了 29.63%。

而当用孔隙度进行比较时，其差异较密度更大（最大值达到 8000%）。造成这种情况的原因是真实孔隙度接近于 0，而另一次测量受到井壁粗糙的影响。

以下是一种对不确定度定量分析的方法。其过程如图 13.4 所示。

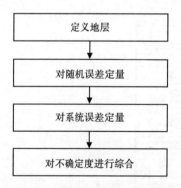

图 13.4　不确定度定量分析

13.3 定义均质地层

强烈建议对每个地层而不是对其中的特定样本进行不确定度分析。这是因为使用均匀采集的样本（一般情况下采样间隔为 6in）具有以下的一些缺点：

（1）只有极少的地层有 6in 的厚度。

（2）当地层被有限的样本描述时，由于深度不匹配造成的误差更加显著，并且误差的影响也更大。

（3）当采样率为 6in 时，无法对精度进行改进。

大多数岩石物理软件都可以通过对测井曲线矩形化或区块化的算法或对地质单元进行不依赖于采样率的分析和解释。

13.4 不确定度分析中的随机误差估算

13.4.1 从数据采集公司的技术规格到真实井况

在较理想的情况下，数据采集公司提供的技术规格中会分别列出仪器的精度和准确度。其中，精度受到以下条件的限制：

（1）特定的测井速度或钻井速度；

（2）特定的滤波方式；

（3）特定的准确度 σ 区间（1-σ、2-σ，或其他）；

（4）特定的测量值。

因此使用者需要将这些限制条件应用到所研究的测井数据中。

13.4.2 使用与数据采集公司的技术规格不同的测井速度（或钻井速度）

准确度 σ_{ref} 是由数据采集公司在某个测井速度 v_{ref}、采样频率 s_{ref} 下所定义的[4]❶；通常情况下使用长度单位（常用 in）。如果实际测井速度 v 是：

$$v = av_{ref}$$

采样频率是：

$$s = bs_{ref}$$

式中，s_{ref} 为参考采样频率。
从而：

$$\sigma = \sigma_{ref}\sqrt{a/b}$$

上式表明，σ 的大小受到随机误差的影响。随机误差随着测井速度和采样率的提高而增大（当采样频率 s 低于参考值 s_{ref} 时）。

---

❶ 在引用文献中 a 和 b 有着不同的含义。

13.4.3 使用一种不同的信号处理方法

如果数据采集公司在技术规格手册中提到了一种与实际数据采集不同的滤波方式，有可能使用如下方法对两种滤波方式进行精度计算，前提是两种滤波方式都是加权平均。

如果：

$$x_{ref} = a_1 x_{d-ps} + a_2 x_{d-(p-1)s} + \cdots + a_p x_{d-s} + a_{p+1} x_d + \cdots + a_{2p+1} x_{d+ps}$$

那么：

$$\sigma_{xref}^2 = (a_1^2 + a_2^2 + a_3^2 + \cdots + a_{2p+1}^2) \sigma_{xd}^2$$

式中，下标 d 为测量值 x 的深度索引；s 为采样频率；x_{ref} 为另一种滤波方法得到的测量数据；a_1，$\cdots$，a_{2p+1}，b_1，$\cdots b_{2q+1}$ 为滤波系数；σ 为测量数据的标准差。

如果测量数据 x 由另外一种滤波方法得到：

$$x = b_1 x_{d-qs} + b_2 x_{d-(q-1)s} + \cdots + b_q x_{d-s} + b_{q+1} x_d + \cdots + b_{2q+1} x_{d+qs}$$

那么：

$$\sigma_x^2 = (b_1^2 + b_2^2 + b_3^2 + \cdots + b_{2p+1}^2) \sigma_{xd}^2$$

则：

$$\sigma_x^2 = [(b_1^2 + b_2^2 + b_3^2 + \cdots + b_{2p+1}^2) / (a_1^2 + a_2^2 + a_3^2 + \cdots + a_{2p+1}^2)] \sigma_{xref}^2$$

13.4.4 使用一个不同的 σ

如果数据采集公司定义了 x_{ref} 在 n-σ 量值范围内的精确度，那么对 x 来说在 p-σ 量值范围内的精确度是多少？

$$\sigma_x = \frac{p}{n} \sigma_{ref}$$

13.4.5 使用与数据采集公司参考值不同的值

已知数据采集公司提供的测量值 x_{ref} 的精度 σ_{ref}，那么测量值 x 的精度 σ 是多少呢？

（1）一种简单的方法。

数据采集公司可能会提供一种简单的公式用于计算测量值的精确度。大多数情况下是如下形式：

$$\sigma_x = mx$$

这意味着精度是测量值的一个百分比，因此：

$$\sigma_{xref} = mx_{ref}$$

从而得到：

$$\sigma_x = \sigma_{xref} \frac{x}{x_{ref}}$$

（2）测量算法中的信息。

通常情况下需要使用某种算法将原始测量数据转化为可用信息。如果用户能够获得这种算法，那么他就可以计算在这个转化过程中产生的不确定度。如果 u_1，u_2，$u_3\cdots$，u_p 是输入，y 是输出，它们之间的关系可以用以下公式表示：

$$y = f(u_1, u_2, u_3, \cdots, u_p)$$

y 的不确定度可以表达为：

$$\sigma_y^2 = \sum_{j=1}^{p} \sigma_{uj}^2 (\partial y / \partial u_j)^2$$

通过以上公式可以得到任何测量值的精度。

13.4.6　计算密度精度的例子

（1）数据采集公司的技术规格。

在测井速度为 1800ft/h，3 点平均，和 1 个 σ 的情况下，当密度为 2.5g/cm³ 时，MDT❶ 所得密度的统计重复性为 0.0038g/cm³。数据采集公司提供如下公式计算测量值的精度：

$$\sigma = 0.01 \rho_{\text{measured}}$$

式中，ρ_{measured} 为地层密度测量值。

（2）井下测量值。

考虑两个不同的地层，其密度分别为 $\rho_1 = 2.2$g/cm³，$\rho_2 = 2.75$g/cm³。测井速度为 3600ft/h。采样率为 2ft。滤波方式为 5 点加权，权重分别为 1/10，1/5，2/5，1/5，1/10。因为用户不满意 68.3% 的可能性（1 个 σ 的精度），他希望获得 2 个 σ 的精度。

（3）不同测井速度和采样率。

实际的测井速度是参考值的两倍。精确度的参考值因此被乘以系数 $\sqrt{2}$。实际采样率（2in）为参考值（6in）的 1/3。因此参考值被乘以系数 $\sqrt{1/(1/3)}$，也就是 $\sqrt{3}$。

（4）不同的滤波方法。

参考滤波的方法可以对精确度进行如下改进：

$$\text{改进} = \sqrt{[(1/3)^2 + (1/3)^2 + (1/3)^2]} \text{ 或 } \sqrt{1/3} \text{ (0.58)}$$

上面例子中的滤波方法对精确度的改进为：

$$\text{改进} = \sqrt{[(1/10)^2 + 2 \times (1/5)^2 + 2 \times (2/5)^2]} \text{ 或 } \sqrt{13/50} \text{ (0.51)}$$

从而可以得到：

$$\sigma_x = (0.51/0.58) \sigma_{x\text{ref}} = 0.88 \sigma_{x\text{ref}}$$

式中，σ_x，$\sigma_{x\text{ref}}$ 分别为采用不同滤波方法得到的测量值 x、x_{ref} 的标准差。

（5）不同的 σ 定义。

$p = 2$ 和 $n = 1$。因此，此例中的精确度是参考值的两倍。

（6）不同的值（一种简单解法）。

对于 $\rho_1 = 2.2$g/cm³，$\sigma = (2.2/2.5) \sigma_{\text{ref}}$

对于 $\rho_2 = 2.75$g/cm³，$\sigma = (2.75/2.5) \sigma_{\text{ref}}$

---

❶　MDT 在这里表示测量密度仪器（Measured Density Tool），以便与地层密度仪器（Formation Density Tool）进行区分。

（7）最终的精确度（综合了所有条件）。

对于 $\rho_1 = 2.2\text{g/cm}^3$，$\sigma =$ （2.2/2.5）$\times\sqrt{2}\times\sqrt{3}\times0.88\times2\times0.0038 = 0.01442\text{g/cm}^3$

对于 $\rho_2 = 2.75\text{g/cm}^3$，$\sigma =$ （2.75/2.5）$\times\sqrt{2}\times\sqrt{3}\times0.88\times2\times0.0038 = 0.01802\text{g/cm}^3$

（8）详细的算法。

测井仪对密度的测量可以简化为：

$$\rho = A + B \ln N_{LS} - C \ln N_{SS}$$

式中，A、B 和 C 为测井仪相关常数。B 和 C 分别为长、短源距探测器的灵敏度。

长、短源距探测器的计数率 N_{LS}、N_{SS} 的不确定度为：

$$\sigma_{NLS}{}^2 = N_{LS}$$

$$\sigma_{NSS}{}^2 = N_{SS}$$

ρ_b 对 N_{LS} 和 N_{SS} 的偏导数为：

$$\partial\rho/\partial N_{LS} = B/N_{LS}$$

$$\partial\rho/\partial N_{SS} = -C/N_{SS}$$

因此：

$$\sigma_\rho{}^2 = N_{LS} （B/N_{LS}）^2 + N_{SS} （C/N_{SS}）^2$$

$$\sigma_\rho = \sqrt{B^2/N_{LS} + C^2/N_{SS}}$$

（9）数值应用。

$$B = C = 0.5。参考值：N_{LS} = 9800，N_{SS} = 14800。$$

当没有滤波处理时，$\sigma_\rho = 0.0065\text{g/cm}^3$；当有 3 点平均时，$\sigma_\rho = 0.0038\text{g/cm}^3$。

13.4.7 将目的层厚度纳入考虑范围

如果对同一地层有 n 次测量，精度就会得到改进，并可以用一个较小的值来表示[4]。在各向均质的厚层中，这 n 个测量值是在相邻的 n 个深度得到的：

$$\sigma_x = \sigma/\sqrt{n}$$

在厚层中的精确度由此得到巨大的提高（图 13.5）。厚度对于精确值的影响见表 13.3。

表 13.3　由地层厚度增加导致的精度提高

地层层数	系统误差（g/cm³）	随机误差（g/cm³）	误差总和（g/cm³）
1	0.01	0.0200	0.0300
2	0.01	0.0141	0.0241
4	0.01	0.0100	0.0200
8	0.01	0.071	0.0171
10	0.01	0.0063	0.0163
11	0.01	0.0060	0.0160
20	0.01	0.0045	0.0145
50	0.01	0.0028	0.0128

注：准确度为 0.01g/cm³，精度为 0.02g/cm³。

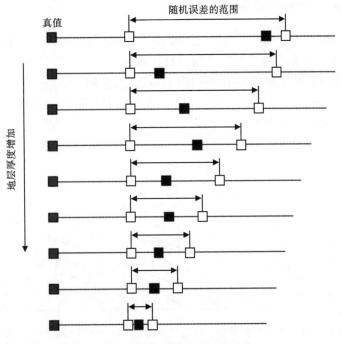

图 13.5　测量值和真值之间的距离

右侧介于两个白方框之间的黑方框代表测量值

13.5　对系统误差的处理

正如上文提到的那样，只有很少的测井数据用户会对系统误差进行分析。通常情况下，用户会使用常数或者数据采集公司提供的参数。如图 13.6 所示，这种情况被标识为"典型信息"。对系统误差的一种更好的处理方法是对所有相关技术文件进行分析和应用，如传播从校正图中获得的已知误差和监测测井过程中的读数漂移。

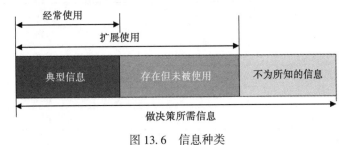

图 13.6　信息种类

尽管如此，目前情况下对系统误差的定量分析仍然具有相当的局限性。与测井环境的复杂程度相比，所得到的测井信息仍然相当有限，因此永远无法对测井环境的各种细节完全了解。很多情况下，对于这种情况无能为力，但是，一个有经验的数据用户应该永远牢记这种局限性。

下面主要讲解如何通过对已知信息的应用来更好地控制系统误差。

13.5.1 对传播误差的定量分析

系统误差往往同环境影响联系在一起。通过某种校正算法可以对系统误差进行某种程度的校正。在此过程中，应该确保所有适用的校正都被使用。但即使这样，不确定度仍然存在。这是因为不论这些校正数据是来自间接信息或者直接测量结果，都不可避免地带入了一些误差，这些误差最终会导致不确定度。这些不确定度被传播进入了测量结果。为了对这些不确定度进行定量分析，有必要获得测量值在一定环境影响下的敏感度。可以通过数据采集公司提供的校正图版对系统误差进行一些简单的校正，如图13.7所示。校正曲线切线的斜率为敏感度。

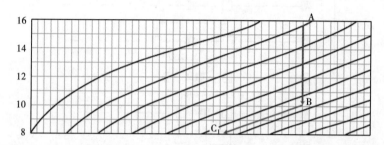

图 13.7　中子孔隙度测量中，测量结果对井眼尺寸的敏感度和相应的校正

X轴孔隙度刻度是0~50pu。Y轴井眼尺寸是8~16in。校正曲线（BC）是直线，因而与它的切线相同。当井眼尺寸
变化2in时，孔隙度变化为11.5pu。因此，测量结果对井眼尺寸的敏感性为5.75pu/ft

测量值 x 受到 p 个环境因素的影响。敏感度为 α，β，γ，…。对环境影响不确定度的校正为 σ_1，σ_2，σ_3，…。因此传入测量值的不确定度为：

$$\sigma_x^2 = \alpha^2 \sigma_1^2 + \beta^2 \sigma_2^2 + \gamma^2 \sigma_3^2 + \cdots$$

例子：中子孔隙度测量。

表13.4 给出了中子孔隙度测井对各种环境因素的敏感度。

表 13.4　测量结果对各种环境因素的敏感度

环境因素	敏感度
井径（in）	1.5
滤饼厚度（in）	3.0
井眼的矿化度（mg/L）	2.0
地层水的矿化度（mg/L）	12.0
钻井液密度（无重晶石）（lb/gal）	0.2
钻井液密度（有重晶石）（lb/gal）	0.1
偏距（in）	3.0
压力（kpsi）	0.2
井温（℃）	1.75（100℉）

输入数据的不确定度来自数据采集公司提供的技术规格或者文献，例如：

$$\sigma_{井径} = 0.25\text{in}$$

$$\sigma_{偏距} = 0.10in$$

$$\sigma_{压力} = 10psi$$

$$\sigma_{温度} = 5℉$$

其他输入数据的不确定度被假设❶是可以忽略不计的。

因此，传入测量值的不确定度为：

$$\sigma_{\varphi N}^2 = 1.5^2 \times 0.25^2 + 3.0^2 \times 0.1^2 + 0.2^2 \times 0.01^2 + 1.75^2 \times 0.05^2$$

$$= 0.141 + 0.090 + 0.000 + 0.008 = 0.238$$

$$\sigma_{\varphi N} = 0.488pu$$

井径和偏距传入的不确定度在不确定度的计算中占主导地位。

13.5.2 将工具读数漂移纳入不确定度

数据采集公司提供的技术规格中包含了"合理的"读数漂移。探测器、光电倍增管和电子元件对于温度和振动极其敏感，但是在设计时已经尽量减少了这些影响。当数据采集公司提供测量前后的检查或更好地是提供刻度前后的数值时，可以对读数漂移进行监测。

很具有挑战性的一点是确定读数漂移是在哪里发生的。需要确定读数漂移是连续发生的，还是由振动或者井中特定事件诱发的。

（1）井径读数漂移。

如果测井公司进行了测量前后检查，井径读数漂移是可以被量化的。当没有测量后检查时，仍然可以由测量后在套管中的检测进行替代（表13.5）。

表 13.5　井径测量漂移的例子：井径仪测量 C2 显示 0.4in 的漂移

附注
套管重量 133lb/ft，套管内径 18.7in 套管内井径检测：C1 = 18.7in，C2 = 19.1in（-0.4in 的漂移）

当读数漂移超过了数据采集公司的技术规格后，可以直接使用漂移值。

（2）密度读数漂移。

电子漂移在现代密度测井仪中一般控制得很好。密度读数漂移主要来自测井仪的磨损。这种测井仪一般设计为将携带探测器和发射源的极板紧密推向地层。这种连续接触会导致摩擦。当岩石研磨性较强，和/或测量时间较长时，极板的厚度就会变薄，因此造成测量仪读数的改变。

（3）随钻测井中的测量持续时间的一点讨论

以下这个例子强调了测量持续时间的影响。测量距离为 3600ft。如果使用电缆测井并且测井速度为 1800ft/h 时，只需要花两个小时就可以完成测井。但是，如果钻井速度为 50ft/h，那么使用随钻测井则需要 72 个小时完成测井。因此随钻测井的数据更容易受到测井仪磨损的影响。

（4）如何检测磨损。

---

❶ 只应该进行最低程度的假设。

除测量结束后的物理检测之外，磨损检测也可以通过不同阶段的刻度来实现（表 13.6 和第 16 章）。

表 13.6 刻度前和刻度后的计数率变化

刻度	日期	使用日期	N–LS–AL
			每秒计数率
#1	2008 年 7 月 26 日	2008 年 8 月 1 日	313.40
#2	2008 年 8 月 20 日	2008 年 8 月 1 日	341.40
变化（%）			8.93

N–LS–Al 代表了在铝块中刻度时的长源距探测器的计数率。

（5）由刻度值漂移造成的密度变化。

以下是一个简单的密度算法：

$$\rho = A - B\lg\ (N_{LS}/N_{LS-Al})$$

式中，ρ 是密度；N_{LS} 为长源距计数；N_{LS-Al} 为在铝块中刻度时观测到的计数率；A 为密度方程拟合直线的截距；B 为长源距的灵敏度，约为 0.6。

使用刻度前后的两个计数率，可以得到两个不同的密度：

$$\rho_1 = A - B\lg\ (N_{LS}/N_{LS-Al-pre})$$
$$\rho_2 = A - B\lg\ (N_{LS}/N_{LS-Al-post})$$
$$\rho_{LS2} - \rho_{LS1} = B\lg\ (N_{LS}/N_{LS-Al-pre})\ - B\lg\ (N_{LS}/N_{LS-Al-post})$$
$$= B\lg\ (N_{LS-Al-pre}/N_{LS1-Al-post})$$

代入表 13.6 的读数：

$$\rho_{LS2} - \rho_{LS1} = 0.6\lg\ (341.4/313.4)\ = 0.0223 g/cm^3$$

有必要对读数漂移的数值在测量过程中进行一些分配。测量中的磨损是连续和均匀的过程吗？或者磨损发生是由于一些特定的事件，特别是在研磨性较强的岩层中？在无法进行假设的情况下，最差的选择是将读数误差完全计入不确定度。

13.6 更进一步：预测不确定度的其他来源

一旦对误差进行校正，校正引起的不确定度和漂移就会被量化，因此可以在此基础上更进一步分析。一个有经验的用户会意识到工作过程中会出现一些其他的不确定度。其中一些可以被识别和量化。

以下这个方法适用于密度测量，但是其原理可以被用在任何数据的测量上。用户能够在获得相关的经验后自己开发类似的方法。

13.6.1 密度测量

密度测量没有相应的校正表格可以使用。因此便没有从表格数据中导入的误差。但是仍然有如下的不确定度需要考虑：

（1）由井眼形状和大小导致的不确定度。

（2）由钻井液和滤饼导致的不确定度（通常称为 $\Delta\rho$）。

（3）井壁粗糙度导致的不确定度。

测井数据分析人员可以马上从上面的列表中发现，这些不确定度与各向均质地层没有任何关系，但与井眼形状和滤饼对感应器的影响直接相关。为了定量分析不确定度，需要回到数据本身。

以下详细分析这些不确定度[5]。

13.6.2　井径引起的密度不确定度

由井眼本身造成的密度不确定度可以从井径曲线的斜率 $\text{slope}_{\text{CALI}}$ 求得：

$$\text{slope}_{\text{CALI}} = \left[1/(2s) \right] \left[\left(\text{CALI}_n - \text{CALI}_{n-1} \right) + \left(\text{CALI}_{n+1} - \text{CALI}_n \right) \right]$$

式中，CALI_n 为第 n 层的井径；s 为采样率，ft。

由井径引起的不确定度 σ_{CALI} 根据井径曲线及其斜率可以计算出：

如果 $\text{CALI} \leqslant 9\text{in}$，$\sigma_{\text{CALI}} = 0$；

如果 $9\text{in} < \text{CALI} \leqslant 16\text{in}$，$\sigma_{\text{CALI}} = 0.002 \, (\text{CALI} - 9)$；

如果 $\text{CALI} > 16\text{in}$、$\text{slope}_{\text{CALI}} < 0.1$，$\sigma_{\text{CALI}} = \sqrt{0.1}$；

如果 $\text{CALI} > 16\text{in}$、$\text{slope}_{\text{CALI}} > 0.1$，$\sigma_{\text{CALI}} = 0.002 \, (\text{CALI} - 9)$。

13.6.3　$\Delta\rho$ 引起的不确定度

如果 $\Delta\rho \geqslant 0$，$\sigma_{\Delta\rho} = 6\Delta\rho^2$；

如果 $\Delta\rho < 0$，$w_{\text{mud}} \leqslant 12$，$\sigma_{\Delta\rho} = 6\Delta\rho^2 + |\Delta\rho|$

如果 $\Delta\rho < 0$，$w_{\text{mud}} > 12$，$\sigma_{\Delta\rho} = 6\Delta\rho^2$。

式中，w_{mud} 是钻井液密度，lb/gal；$\sigma_{\Delta\rho}$ 为钻井液和滤饼导致的不确定度。

13.6.4　井壁粗糙度引起的不确定度

可以通过观测井径曲线来定量分析不确定度。首先井壁的粗糙度 H_r 可以通过如下公式计算：

$$H_r = (1/4 \times s^2) \left[(\text{CALI}_{n-3} - 2\text{CALI}_{n-2} + \text{CALI}_{n-1}) + (\text{CALI}_{n-2} - 2\text{CALI}_{n-1} + \text{CALI}_n) + \right.$$
$$(\text{CALI}_{n-1} - 2\text{CALI}_n + \text{CALI}_{n+1}) + (\text{CALI}_n - 2\text{CALI}_{n+1} \text{CALI}_{n+2}) +$$
$$\left. (\text{CALI}_{n+1} - 2 \, \text{CALI}_{n+2} + \text{CALI}_{n+3}) \right]$$
$$\sigma_{\text{hole rugosity}} = 0.1 \, H_r^2$$

式中，$\sigma_{\text{hole rugosity}}$ 为井壁粗糙度引起的不确定度。

13.6.5　综合不确定度

最后得到：

$$\sigma_\rho = \sqrt{\sigma_{\text{CALI}}^2 + \sigma_{\Delta\rho}^2 + \sigma_{\text{hole rugosity}}^2}$$

式中，σ_ρ 为密度测量的综合不确定度。

13.6.6　深度匹配误差造成的不确定度

当深度匹配的误差为 0.5ft 时，其所带来的不确定度为：

$$\sigma_{\text{depth matching}} = \left[1/(4|s|)\right]\left(|\rho_{\text{raw }n} - \rho_{\text{raw }n-1}| + |\rho_{\text{raw }n+1} - \rho_{\text{raw }n}|\right)$$

式中，$\sigma_{\text{depth matching}}$ 为深度匹配误差造成的不确定度；$\rho_{\text{raw }n}$ 为第 n 层的原始测量密度值；$\rho_{\text{raw }n-1}$ 为第 $n-1$ 层的原始测量密度值；$\rho_{\text{raw }n+1}$ 为第 $n+1$ 层的原始测量密度值；s 为采样率。

附录 6 列有不确定度计算的详细例子。

13.7　不确定度图示

标准测井图示绘出具有欺骗性的细曲线。测量曲线而不是实际岩层曲线，如图 13.8 所示。LAS 格式文件给出是更"细"的值（译者注：此处意指更精确的值）。

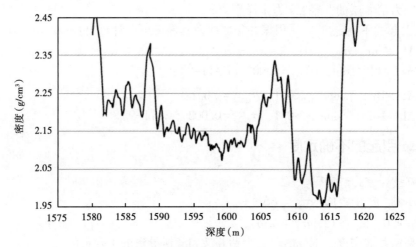

图 13.8　原始测井信息

测井公司提供给用户的曲线不包含任何不确定度信息

不确定度的分析会给出带状值而非单点值。不确定度带表示地层信息最有可能的值。如图 13.9 所示，不确定度带甚至没有包括测量值本身。

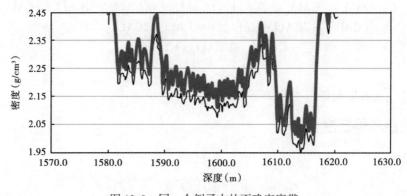

图 13.9　同一个例子中的不确定度带

13.8　小结

（1）可以对不确定度进行控制。

106

（2）这个过程是相当复杂的，包括了大量的变量和参数。

（3）数据采集公司提供的技术规格是对真实情况的简单化。技术规格参数不应该被直接应用。

（4）有可能将这些技术规格参数根据不同的工作环境进行转化。

（5）数据采集公司对于他们数据的不确定度有大量信息。数据用户应当开发这一资源。

参 考 文 献

［1］ Verga, F. , Giaccardo, A. , Gonfalini, M. , "Determination of uncertainties in water saturation calculations from well log data using a probabilistic approach," 5th offshore Mediterranean conference, Ravenna, 2001.

［2］ Mayer, C. , Sibbit, A. , "Global, a new approach to computer-processed log interpretation," paper SPE 9341, 57th annual fall conference and exhibition, Dallas, 1980.

［3］ Theys, P. , "Log quality control and error analysis, a prerequisite to accurate formation evaluation," 11th European formation evaluation symposium, Oslo, 1988.

［4］ Theys, P. , Log Data acquisition and quality control, Éditions Technip, 1999.

［5］ Sibbit, A. , Personal communication.

14 数据交付

测井数据？太多了！
—— 一家石油公司

测井数据？总是太少！
——另一家石油公司

要比顾客自己都了解顾客。
——西奥多·莱维特
（1925—2006）

14.1 数据完整的重要性

数据交付的完整性是整个数据质量中最富挑战性的环节。如果没有基本数据和辅助信息，那么就无法对不确定度进行控制。

14.1.1 谁负责数据交付

直观上来讲，数据用户应该对数据交付过程进行管理。然而，考虑到测井环境的复杂性和数据交付过程的复杂性，数据交付则更应该由数据采集公司来管理。数据采集公司应该确保提供基本数据和辅助数据。这如同于购买新车，虽然买家不需要向汽车制造商说明离合器应该是汽车的一部分，但是汽车制造商需要确保离合器被设计并安装在汽车上。

14.1.2 对图形显示的需求

在第 8 章中描述了图形显示和数据之间的不统一性，这种不统一性只能通过提供完整的数据来得到解决。但不幸的是，人类无法有效检查大量数据，因此数据需要通过以图表的形式进行重新组织[1]。数据采集公司需要将数据"产品化"，就是说，用一种友好的方式来呈现在用户面前。"产品化"经常用于商业网站设计，尚未使用在石油工业中。

希望在不久的将来，测井公司能够提供完备的数字文件，并且可以通过图表明确地反映出数字文件所代表的含义。

14.1.3 标准化

数据用户面临着两个基本问题：
（1）数据采集公司是否提供了所有需要的数据？
（2）从哪里可以找到数据？
对这种标准化数据交付的需求首先在 API RP 31A[2]❶中得到了反映，并在随后的 API RP 66[3]中得到了定义。

---

❶ 很难想象 RP31A 是 1967 年确定的，但是从那时以后就再也没有进行过修订。

不幸的是，这些努力并没有随着数据采集公司的不同、测量方式和井况的不同而变化。除了"主要"的测井数据，并没有对于辅助数据的交付进行标准化的定义。图 14.1 中给出了三

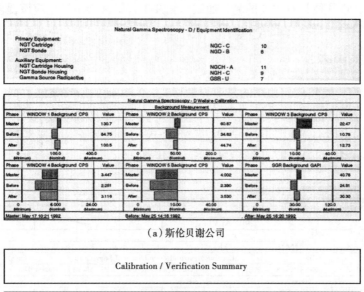

（a）斯伦贝谢公司

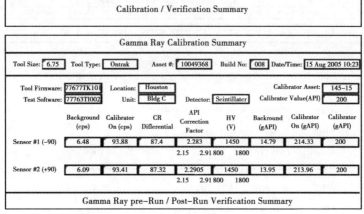

（b）贝克阿特拉斯公司

	std rate (cts/s)	Meas rate (cts/s)	Tool norm	Std Mult	Lor Mult	App Con (pct ppm)
E (.15–3.0)	748	679.6	1.061			
K				0.01169	0.01240	8.428 (7.830 9.570)
U				0.02668	0.02831	19.236 (18.000 22.000)
TH				0.07158	0.07594	51.609 (48.150 58.850)

	Mult chnl/MeV	add chnls	chi Sqr qsa	QCAL	GSIN	QPKS
SPECTRUM	69.476	4.994	1.693	1.004 (0.980 1.020)	3000	5

	P1 .352 MeV	P2 .609 MeV	P3 1.120 MeV	P4 1.765 MeV	P5 2.204 MeV
Std Pk	25.80	44.20	81.00	127.40	159.00

（c）哈里伯顿公司

图 14.1　三家公司刻度附录

三个附录都记录了相似的信息，但表达方式完全不同

家数据采集公司提供的刻度附录。由于缺乏统一的表现形式，往往很难对数据质量进行控制和对数据进行验证。由此带来的结果是，只有很少的使用者会去看数据采集公司提供的图表。而当他们看图表时，也往往只看主要的测井曲线。测井工程师常常不知道应该提供什么图表，而由于技术的日新月异，岩石物理学家也常常不知道需要从测井公司获取什么数据。

14.1.4 格式和内容

石油公司认为，既然他们使用的是业界的格式，那么他们所搜集的数据能够长久使用下去。但与此同时，他们也应该关注内容。当数据结构不正确，数据不完整时，正确的格式往往没有任何用处。图 14.2 和图 14.3 表明，LAS 格式（测井数据标准 ASCII[4]）并不会定义数据本身的内容。因此，这两个例子中的数据并不完备。

~PARAMETER INFORMATION			
#MNEM.UNIT	VALUE	DESCRIPTION	
#-- --- ------------	-------------		
RUN .	1	:RUN NUMBER	
PDAT .	MSL	:Pemanent Datum	
EPD .F	0.000000	:Elevation of permanent Datum above Mean Sea Level	
LMF .	ODF	:Logging Measured From (Name of Logging Elevation Reference)	
APD .F	684.799988	:Elevation of Depth Reference (LMF) above Permanent Datum	
#--			
~CURVE INFORMATION			

图 14.2　内容例一

这是一个糟糕的例子，基本没有参数的任何信息

VERS	CWLS LOG ASCII STANDARD–VERSION 1.20	
WRAP	NO: One line per depth step	
	WELL INFORMATION BLOCK	
#MNEM. UNIT	DATA TYPE	INFORMATION
STRT.FT	16270.0000	:START DEPTH
STP.FT	22781.0000	:STOP DEPTH
STEP.FT	0.50000	:STEP LENGTH
NULL	–999.25000	:Null value
COMP.		
COMP.	COMPANY	:APRICOT,INC
WELL.	WELL	:OCS–G–47857#2 STI
FLD.	FIELD	:SHALIMAR
		:GARDENS 783
LOC.	LOCATION	
PROV.	COUNTRY	:FLORIDA
NATI.	COUNTRY	:USA
DATE.	LOG DATE	:
API.	API NUMBER	:70–941–30111–02
SECT.	SECTION	:NA
TOWN	TOWNSHIP	:NA
RANG.	RANGE	:NA
DAY.	LOG DAY	:
MONT.	LOG MONTH	:
YEAR.	LOG YEAR	:
PEAT.	PERMANENT DATUM	:
ENG.	LOGGING ENGINEER	:JONES
WIT.	LOGGING WOTNESS	:
LATI.	LATITUDE	:
LONG.	LONGITUDE	:
BASE.	LOGGING DIS	:8305

图 14.3　内容例二

这个例子较前一个例子含有更多的信息，然而仍然有很多辅助信息缺失

110

14.2 图形文件的内容

当主要测井曲线被提供给石油公司后，仍然需要解答如下的问题：

（1）在什么地方进行的测量？

（2）测井环境如何？

（3）如何进行校正？

（4）使用了什么测井仪器？

（5）仪器是否进行了刻度？

（6）仪器工作是否正常？

（7）测量结果准确吗？

（8）是否检测到异常读数？

（9）对测井数据进行检查了吗？

（10）是否对测井过程中发成的异常事件进行了记录？

以上的问题可以通过 14 个测井要素来回答，见表 14.1，第二列中的数字代表了这些信息在图表中的推荐出现顺序。

另外，有些以时间为参考的测井图也应该提供给数据用户。这在压力测试和随钻测井中比较有用，因为在这些图表中体现出了参数随着时间的改变。同时我也建议提供时间—深度图。这有利于追踪随钻测井中时间和深度的关系。

表 14.1　数据用户的各种问题可以通过图表中测井要素来回答

问　题	要　素
1. 测量在何处进行？	（4）深度信息框； （6）井眼图； （7）测井曲线； （8）方向勘测列表
2. 测井的环境如何？	（1）图头
3. 如何校正的？	（9）参数列表； （10）参数变化
4. 使用了哪种测井仪？	（5）测井仪器图
5. 测井仪是否被刻度？	（11）刻度信息框
6. 测井仪是否正常工作？	（13）质量控制（QC）曲线和 QC 图
7. 测量是否精确？	（12）重复测量
8. 是否检测到反常读数？	（12）重复测量
9. 测井数据是否被检测过？	（14）测井质量控制（LQC）数据
10. 是否报告了测井作业的各种情形？	（2）注释； （3）测井日志

14.2.1　同深度相关的信息

深度时常被认为是理所当然的信息。实际上，会在第 15 章详细分析其相关的信息。

14.2.2　测井仪器图

测井仪器图给出测井仪器如何组合的可视化显示。辅助设备（如万向接头）、间隙器、偏心器也会在图上进行详细标注。各种仪器的序列号能够被用于核对刻度信息。同时，当坏的仪器持续给出错误数据时，序列号也可以用于追踪这些仪器。

14.2.3　注释

注释在测井图表中相当重要。它可以用于非标准情况下记录仪器操作、测井图示、测井异常、用户的特别需求和授权下的标准程序的更改。没有太多信息含量的注释，例如：

（1）实际测井仪与仪器图一致。

（2）使用了测井公司的测井程序。

不需要放在珍贵的注释空间中。

特别需要注意的是，当测井仪读数异常，或者对测井环境的校正不再有效，或者测井仪超过了其所标注的极限值时，注释需要详细记录这些信息。例如，当井眼直径超过 22 in 后，感应测井仪的井眼环境校正失效。这样的信息需要记录在注释中。另外，当井径仪无法有效测量井眼大小时（井径仪完全张开仍然无法触及井壁），利用井径仪读数计算的井内体积就会不准确，这样的信息也需要记录在注释中。

图 14.4 给出了一个注释详尽的例子。测井工程师试图解释仪器磨损如何严重影响测井读数。尽管罗列的数据缺乏一致性，有待进一步分析，但数据用户需要知道并了解这些注释。这是因为数据文件并不包含这些极其重要的信息。

由于钻头快速钻穿长井段，测井数据密度不高。存储测井数据的质量是好的。密度测井仪的接头由于磨损，校准是在测井后进行的。新的密度校准值比先前的校准值高 0.043g/cm^3。磨损校正是密度校正的函数。密度校正随着测井过程渐增。

密度校正始于 0.008g/cm^3，在仪器到达 3835m 前，增至 0.047g/cm^3。在 3835m，突变为 0.065g/cm^3。自 3835m 至 4165m（最后读数点），密度校正增至 0.065g/cm^3。

仪器磨损引起的密度校正，有一半是在起始深度至 3835m 之间。在这段深度内，密度校正累计达 0.022g/cm^3。在 3835m，密度校正又增加了 0.01g/cm^3。从 3835m 至总深度，密度校正增加了 0.022g/cm^3。

以下是密度校正的公式：

上深度段：新密度 = 旧密度 + 0.0225 [（x - 609）/（3835 - 609）]

609m 是测井段的起始深度点。

下深度段：新密度 = 旧密度 + 0.0125 [（x - 3835）/（4174 - 3835）] + 0.0325

4174m 是测井段的最末深度点。0.0325g/cm^3 是仪器磨损引起的密度校正在 3835m 的累计值。

由于密度测井校正脊肋图在海上作业的错误，原始测井密度与……不同。

图 14.4　注释示例

14.2.4 测井日志

每一次测井工作都是不同的❶。测井环境及过程需要由测井工程师详细记录在测井日志上。这对于数据用户是很有用的信息。推荐测井工程师尽量使用能够被非专业人士理解的词汇来记录测井日志。示例如图 14.5 所示。

2010 年 11 月 11 日，星期一	
01:30	将 ABT 从 CDT 仪器串上拆下，单独检测
02:30	开始检测 ABT
03:00	开始在 ABS 49 钻井液基础油中进行静态测井
03:30	开始在 ABS 48 油基钻井液中进行静态测井
04:00	按照测井程序中的参数进行模拟测井
05:00	开始检测 ABS 173
06:00	完成检测 ABS 173 --> 以此为主
06:10	开始检测封隔器
06:45	完成检测封隔器
10:30	完成使用电缆 7-48、7-49 对张力设备 TD 1234 的校准
11:30	用兆欧表检测回转器 567
14:00	井上操作安全会议，承包商人员在场
15:00	EFX125-GHT 仪器串准备运行检测
16:20	EFX125-GHT 通过检测
16:55	顺利与陆上取得联系
17:20	Netsight 通过检测
17:25	由于钻井液中气体超过 184 单位，所有高温工作宣布停止
20:00	开始检测 EFX 备用仪器
21:00	EFX 井径测量部件无法关闭。检测故障
21:05	重新启动地面系统；仍旧无法关闭 EFX 井径测量部件
22:30	检查测井头的连续性及绝缘性。检查通过，EFX 依然不工作。调整电缆。EFX 仍不工作。
22:15	BTMS 3660/BTMD 3683/BTCC 3675 都不工作。
22:20	开始检测 CDT 备用模块

图 14.5　测井日志示例（节选）

14.2.5 参数总结和参数变化

由测井信号到最终数据的转化需要大量的信号处理，而这些信号处理是由大量的参数控制的。这些参数一般列于表格中，并由缩写来表示。图 14.6 给出了一个极其简单的表格，这是斯伦贝谢公司的阵列感应测井仪所用到的参数。一些注释也被加入了表格中。参数主要由三大类构成：

（1）数据用户认为相当重要的参数（仪器偏距、温度等）。

（2）一些为默认值的参数（如−50000m）。希望这些参数对数据处理没有影响。

（3）一些不是那么重要的参数。

---

❶ 日志一词来源于航海。每艘船的航海日志记录了船上发生的一切事件。测井日志则记录了测井过程中发生的事情。

名称	描述	数值	注释 （数据用户观点）
ABHM	阵列感应井眼校正模式	0_计算钻井液电阻率	非常重要
ABHV	阵列感应井眼校正模式版本号	900	或许重要
ABLM	阵列感应基本测井模式	6_1_2_4	或许重要
ABLV	阵列感应测井代码版本号	223	或许重要
ACDE	阵列感应探测套管选项	否	不影响质量
ACEN	阵列感应仪器居中旗标（井眼内）	偏心	非常重要
ACSED	阵列感应套管鞋深度估计	−50000m	用缺省值
AETP	阵列感应线圈系误差温度与压力校正		非常重要
AFRSV	阵列感应 4ft 分辨率仪器相应设置版本	41.70.24.20	或许重要
AIGS	阵列感应阿克玛插值门控选项	选择	重要
AMRF	阵列感应钻井液电阻率因子	1	用缺省值
AORSV	阵列感应 1ft 分辨率仪器相应设置版本	41.70.24.20	或许重要
ARFV	阵列感应辐射状剖面代码版本号	701	或许重要
ARPV	阵列感应径向参数代码版本号	232	或许重要
ARTS	阵列感应地层电阻率 Rt 选项（用作计算 ALLRES）	AITM_TwoResTrueDeep	或许重要
ASTA	阵列感应仪器偏距	1.5in	非常重要
ATRSV	阵列感应 2ft 分辨率仪器相应设置版本	41.70.24.20	或许重要
ATSE	阵列感应温度选项（线圈系误差校正）	内设置	非常重要
AULV	阵列感应用户控制级别	一般	或许重要
AZRSV	阵列感应垂直分辨率仪器相应设置版本	00.10.25.00	或许重要
BHT	井底温度（用于计算）	112℃	非常重要
FEXP	地层因子指数（n）	2	用缺省值
FNUM	地层因子分子（a）	1	用缺省值
GCSE	一般井径选项	HCAL	非常重要
GDEV	平均井斜角	19°	用到了吗？
GGRD	一般地温梯度选项	0.018227	重要
GRSE	一般钻井液电阻率选项	图版_ GEN_ 9	重要
GTSE	一般温度选项	HRTS_ HTEM	或许重要
RTCO	对地层电阻率做钻井液侵入校正	是	重要
SHT	井眼地表温度	20℃	重要
SPNV	起始点的下一个值	0	或许重要

图 14.6　斯伦贝谢公司的阵列感应测井仪所用到的参数

有些参数相当重要，并需要专业知识来进行设定：

（1）AIGS：阿克玛插值门控。

（2）ABHM：感应测井井眼校正模式。这个参数可能是所有参数中最重要的。

当这些参数不能通过帮助文件快速查找时，对于岩石工程师来说就没有太大的用处。测井公司会被要求提供易于用户阅读的参数列表。这些参数应该在方框图中表现出它们对数据的影响。图 14.7 就是一个可供参考的表现形式。

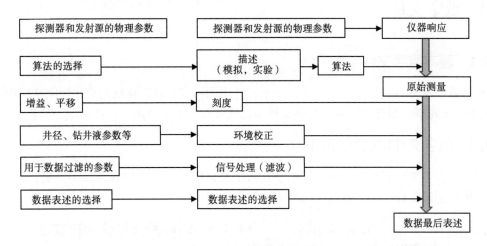

图 14.7　一个简化的方框图例
方框图在数据交付中是不可或缺的

　　如果拥有从原始数据到可供使用的岩石物理数据之间的不间断的数据处理信息，那么数据用户可以对处理过程进行修改。但是在此过程中需要解决两个问题。第一，很多数据处理方法是测井公司独有的，因此不会对外分享。这意味着测井公司控制着数据处理的全过程。第二，不能保证处理参数被保存到了数据库中。这对于处理工程中的主观的，通过经验做出的决定尤其如此。

14.2.6　原始曲线和质量控制曲线

　　有很多数据曲线（频道）可以用来对原始数据进行质量控制。若将来需要对数据进行重新处理，这些曲线就显得相当重要。在工业界，第一条用于质量控制的曲线是密度校正曲线。因为它是如此重要，因此测井数据分析人员能够马上发现这条曲线是否缺失。在岩性测井中，QSS 和 QLS 曲线（均为 QC 曲线）在 20 世纪 90 年代被广泛应用。

　　当设计完成一种新的测井仪后，通常会发现并不是所有的环境校正都存在。例如对于感应测井来说，偏心性和视倾角的影响往往就无法校正。这些情况可以通过对数据的再次处理进行校正，但这需要使用原始测井数据。然而，原始数据往往不会提供给用户，甚至不会被测井公司保存。

　　建议所有的原始曲线，包括所有的 QC 曲线以及同 QC 曲线相关的所有文档[5,6]，都应该提供给客户。这应该成为一种标准，并被强制执行。

14.2.7　测井质量控制（LQC）质检章

　　很多公司在制造出了产品后都会给产品印上质检章。质检章表明产品经过了系统化的检验。大多数的检验都是通用的，无论是裸眼井测井还是套管井测井，无论是电缆测井还是随钻测井。检验包括了如下信息：刻度、校正、环境影响、深度、辅助仪器、所有支持信息的可用性、规格。

　　另外，需要对不同的测井仪进行额外的检测。这些检测的细节往往都不被外人所知。只有各个测井公司有这些检测的相关信息。

14.3 数字文件

14.3.1 基本数字文件

对于数字文件的一个基本原则是，图形文件中的所有信息应该被包含在数字文件中。因此 14.2 中所列举的信息都应该在数字文件中得到备份。下面描述了一些其他的信息。

14.3.2 数字文件中的原始数据

测量过程中的所有曲线都应该被记录在数字文件中。但这其中涉及很多问题：所有权，存储和信息记录花费，国家和地区的相关法规❶。

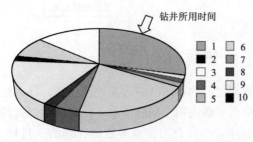

图 14.8 钻井过程中的数据分析（据 SPWLA）

14.3.3 以时间作为参考的数据

从第 8 章可以看出，随钻测井仪在连续测量中对同一地层进行多次测量。最近的分析表明[7]，即使是仅有一次钻井，钻柱也只有 30% 的时间在前进（图 14.8）。这样造成的结果是 LWD 感应器对同一个地层多次进行测量。在一些极端的情况下，如当钻头上下移动清理井壁时，这个比例还会下降（图 14.9）。

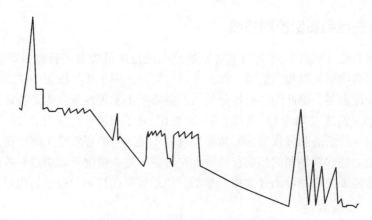

图 14.9 深度—时间图（据 SPWLA）

时间为 x 轴，深度为 y 轴。只有灰色的曲线代表了钻井进度

在这些情况下，对同一地层可能会有多次测量。以深度作为参考的文件中，一个深度只能有一个测量值，对这种情况显然无能为力。因此以时间作为参考就显得很有必要。这样能反映出地层中一些有趣的信息（图 14.10）。

---

❶ 在石油行业，对于数据的快速访问不仅仅限于测井数据。

14.3.4　数字文件中的数据

现阶段数字文件可以达到太字节（TB）的量级。但如何使用这些数字文件是一个挑战。所有的数据应该是标准化的，这就意味着，一旦数据被记录了，发送给石油公司的整套数据包不需要任何人为的修改。所有数据，不论来自哪家测井公司或者是提供给哪家石油公司，都应该被发送。透明度在数据流程中是必不可少的。最好的测井数据审阅格式——DLIS 格式，是相当复杂的，因此对其检查和确认不是一项简单的工作。数据之间的相互关系并不明显。因此，需要开发相关软件对不同数据间的关系进行分析。前文提到的数据流程图应该可以用于这些数据分析。同时，类似的工具也应该存在于数据库中。例如，密度曲线受到井眼状况很大的影响，因此总是应该与井眼状况联系在一起。

最后，用户应该尽量不要去使用没有质量检测或者不确定度分析的数据。任何可以被使用的数据都应该具有质量标示，甚至不确定度指示条带。

（1）缺失的文件。

最终交付给用户的数字文件仅仅是整项工作所获取文件中的一小部分。那些"缺失"的文件很少会被测井公司存档，因此就永远地丢失了。这些文件包括重复测井部分和深度关联记录。

（2）缺失的参数和信息。

测井日志和注释在极少数情况下会被录入数字文件。并且，当刻度包括对照参考值的刻度测量、刻度检测（平稳状态检查）和/或刻度数据记录（系数、背景信息、车间测量值）时，在数字文件中这些信息往往不会被记录下来❶。由于大部分数字文件的格式仅容许每个参数对应唯一的值，参数改变也往往无法被记录下来。

DLIS 格式是测井工业中最完整的一种数据格式。但需要注意的是在一个文件中只有一组参数能够被记录下来[8]。这就意味着，当 DLIS 格式文件对应 5 个不同的测井过程，与 3 种不同的测井仪器相关，并且测井仪器的刻度系数、钻井液物性，以及钻头大小都不相同，往往只有最后那个测井过程被完整记录下来，而其他 4 个则被忽略。

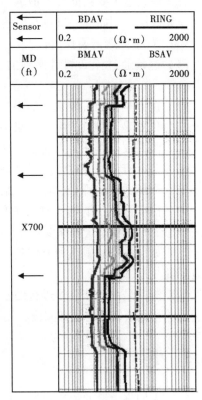

图 14.10　4 条电阻率测井曲线显示了地层裂缝的产生（据 SPWLA）

14.4　背景信息的重要性

如果背景信息没有被记录下来并提供给数据用户，测井数据就会变得没有用，特别是当测量结束几年后无法联系到当时的测井工程师时[9]。经过数据解释者的处理，数据有时候会告诉用户同其本来应该表达的意思完全相反的意思。

---

❶　对 DLIS 格式文件的完整检查需要专业知识，检测时可以发现很多数据包是空的。

背景信息是主要数据（一般通过深度进行表达）周围的数据。计算机工程师把背景信息叫作元数据。例如，一口斜井中的孔隙度测井数据，在测量深度为 12456ft 处，孔隙度为 23.45pu。如下问题需要探讨：

（1）这是通过什么测量得到的孔隙度？是密度测井、中子测井、NMR 测井还是声波测井？

（2）读数是否经过校正？如果是，经过了哪些校正？

（3）仪器是否经过刻度？如果是，刻度系数是什么？

（4）测井仪是否在井内居中？通过什么设备，设备的尺寸如何？

（5）是否有信号处理？信号处理的方法有什么选择？

（6）在测井仪的哪个位置对井眼体积进行测量？

（7）深度被记录了吗？记录深度的设备是否经过刻度？深度是否经过拉伸校正？是否有一个稳定的方法来获取深度？

（8）如何测量倾斜角和方位角？如果测量是通过磁场检测，磁偏角是如何进行校正的？大地测量参考系是什么？

（9）测井是由哪家公司进行的？谁测的井？现场工程师通过了什么程度的培训？

通过对背景信息的详细阅读，用户可以对数据有一个更好的认识。

14.5 小结

（1）人们将大量的关注都给了格式，但对内容的关注不够。

（2）大多数测井记录都是不完备的。

（3）交付的测井结果没有一致的标准。

（4）原始数据和质量控制曲线一定要提供给用户。

（5）很难对大量的、不同的测井结果进行检查。

参 考 文 献

［1］Tufte, E., The visual display of quantitative information, Graphics press, Cheshire, 1983.

［2］API RP 31A, Standard Form for Hardcopy Presentation of Downhole Well Log Data, 1967.

［3］API RP 66, Recommended Practices for Exploration and Production Data Digital Interchange, 1996.

［4］Canadian Well Logging Society, Floppy Disk Committee, Log ASCII standard, 2009.

［5］Schlumberger-Anadrill, Schlumberger, Log Quality Control Reference Manual, MWD&LWD, 1994.

［6］Schlumberger, Log Quality Control Reference Manual, Wireline, 1992.

［7］Maeso, C., "Invasion in the time domain from LWD resistivity: an untapped wealth of informa-tion," SPWLA 51st annual logging symposium, Perth, 2010.

［8］Citerne, A., Personal communication.

［9］Theys, P., "Keeping things in context," Hart's E&P, vol. 79, n° 8, pp. 63-64, 2006.

15 深 度

15.1 深度的重要性

深度是最重要的测井记录？它会以许多不同的方式影响石油公司：

（1）无论是测试不同油井之间的液压连续性，还是验证地层的横向连续性，精确的绝对深度是必需的，它是了解油层几何参数的前提。

（2）储层厚度是从深度测量得出的，它直接影响到对石油储量的估算。在厚度上的 $x\%$ 的误差直接反映为 $x\%$ 石油储量的错误。

（3）深度的相关性被用来精确地在产层射孔。

深度也用于方向测量（包括倾角和方位角数据）。以便为用户提供油气藏和岩石位置的完整描述。❶

有关深度的研究已经在许多公司内部开展[4]，但不幸的是这些调查不对外公开。一些文章谈到重复测井间的深度差异分析[5]。在 9000ft 的深度，报道的误差值为 24ft。即使厚度，从油层顶部到底部的 相对深度，也很难严格评估。例如，对同一 130ft 厚的油层测量，电缆测井和随钻测井的差别达 22ft 之多，即有 17% 的误差，直接影响到油层的储量估算。

在过去的 20 年里，观测深度的规范有很大的变化。尽管一个地层界面的真实深度不会改变，测量的深度却随测井公司的不同规范而改变。这些操作规范的改变会产生实际上并不存在的地质假象。

在文献［6］中引用的 Tuscaloosa 例子里，1977—1999 年，钻井的深度和测井的深度之间的偏差不到 10ft（在超过 21000ft 深处）。自 1999 年以来，钻井的深度和测井的深度的差异介于 22~48ft，深度分别为 15000 ft 和 23000ft。

在一些老油田，即使数据证实最新深度的测量更加准确，修改以前的地质模型也会有很大的阻力。首先，因为缺乏审核记录，常常会没有足够的证据来证实深度的正确性。其次，石油工程师或现场地质学家面临着艰难的选择：如果假设测井深度误差较大，那么修正测井数据来拟合油藏模型就可以了；如果相信测井深度，那么就得彻底改变油藏模型，以迎合测井数据。

15.2 不同的深度

数据用户必须明白，数据采集公司和钻井人员可提供不同的观测深度。同样重要的是要记住，这些深度测量并不是真实深度。

---

❶ 关于方向测量的更多信息，请参见参考文献［1–3］。

15.2.1 电缆磁标记深度

自 20 世纪 50 年代起，磁标记测深度就已被在电缆测井中应用。在电缆上装上等距的磁标记（每 100ft 或 50m）。这是通过在地表用固定的张力（通常为 1000lbf）和固定长度的"尺子"（如 12.5ft）完成的。标记在记录过程中保持不变。例如，第一个靠近地表的标记如果在 83.2ft，以后每检测出一个磁标记，记录器就作调整❶，使读数回到 83.2ft。在计算总深度时，拉伸引起的误差可以做一次性校正。

这种类型的深度测量有很多局限性。首先，标记和标记识别都是在地表进行的。井下电缆的情形不予考虑。在标记阶段和测井过程中，温度的影响和非弹性伸缩，都没给予考虑。标记电缆时，张力为 1000lbf，但测井时，张力会改变。"盘车"深度也不被跟踪。

15.2.2 电缆刻度轮深度

在第二种方法中，深度由设在地表的精密测轮直接测量（图 15.1）。

图 15.1　斯伦贝谢公司的双轮装置

这些精密测轮被连接到编码器上，而且每 6 个月刻度一次（图 15.2）。

拉伸的校正按固定的程序进行。首先，以正常速度将仪器串小心下到总深度。在距离总深度 200ft 处开始向下测井。该测井段应具备显著的地层特色，以便未来作相关性较正。在井底，井径仪打开，从下到上开始重复测井。记录两次测井之间的差异，并把它被定义为调整长度。深度系统予以相应的校正。调整长度要备档，以便查询。在调整长度被记录后，整个测井段持续向上完成而不必再盘车记录深度。

可能的误差包括磨损和转轮打滑的影响。磨损的补偿是通过对转轮的直径刻度来控制的。打滑是由一个所谓的"快轮算法"来专门处理的。多用于两轮之间有差异的情况。在结冰情况下，可能发生轮子不转而电缆移动数十英尺的情形[7]。现场工程师应该观察并记

---

❶　在测井术语里，测过的深度被称为已做了"盘车"。

录这种情况。有时也可能存在对弹性拉伸不完整的校正（向上测井和向下测井），没有充分考虑压力、温度和振动效应。对于井中成像仪器的小偏差，可以用速度校正处理来补偿。尽管用"转轮"测深度的方法并不完美，但有极大的透明度。

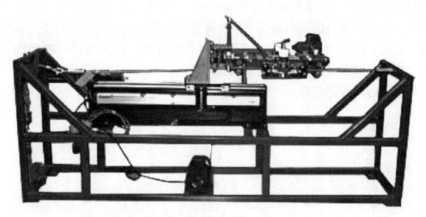

图 15.2　深度轮刻度器（据斯伦贝谢公司）

15.2.3　钻井深度和随钻测井深度

钻井队也收集有关的深度信息。他们测量每个钻杆的长度，将钻杆垂直或水平摆放，进行测量。在钻井过程中，将每节杆的长度加起来得到深度。尽管人们认识到机械和温度会引起伸缩，膨胀和浮力也会有影响，而且可以量[8,9]。但按照惯例，钻井深度没有任何校正。

随钻测井公司不直接测量深度，仅仅是在每一个钻杆连接处对齐钻井深度。事实上，他们可以提供连续的深度，以便将测井曲线与深度一起提供给用户。随钻测井深度系统与钻井深度之间有微小差异，可以在钻杆连接处进行调整。这些校正需要详细记录如图15.3 所示。

立柱号	单根长度（ft）	钻井深度（ft）	随钻测井深度（ft）	深度差（ft）	深度调整（ft）
s	32. 25	9465. 96			
d	32. 54	9498. 50	9499. 40	0. 90	−1. 00
67	32. 43	9530. 93	9533. 20	2. 27	−2. 50
s	30. 66	9561. 59	9562. 13	0. 54	
d	31. 78	9593. 37	9594. 90	1. 53	−1. 50
68	32. 46	9625. 83	9625. 85	0. 02	
s	30. 62	9656. 45	9659. 00	2. 55	−2. 50

图 15.3　随钻测井深度校正

随钻测井工程师进行的调整，不一定严格等于钻井深度与随钻测井深度之间的深度差异。在某些情况下，可能什么调整都不做。深度的调整可能直接影响储层的厚度

15.2.4　观测的深度之间预期差异

磁标记测的深度和精密轮测的深度是有差别的。尽管同时采用两种装置测量就可以定义两者的差异，但很少有人做此测试。

磁标记测量和精密轮测量都对电缆测的深度做拉伸校正，钻井深度/随钻测井深度却不

如此。在 10000ft 的深度，电缆深度较长（或较深），多出 12~15ft。这种差别不是随机的，一旦知道井的轨迹就可以计算。图 15.4 给出两个例子。

对于一口 10000ft 的垂直井，随钻测井深度为 9986ft，电缆深度为 10003ft。对于一口绝对深度为 10000ft 的斜井，随钻测井深度为 9992ft，电缆深度为 10017ft。

不幸的是，由于对深度的测量缺乏了解，有些实际操作会有失误。比如，调整电缆深度以匹配套管鞋深度，或改变测井总深度以匹配钻井总深度。如果浅层用的是随钻测深，那么，随后的电缆测井深度常常匹配到随钻测井深度上。由于这两种深度中只有一个深度做了拉伸校正，那以后的所有深度都会产生误差。

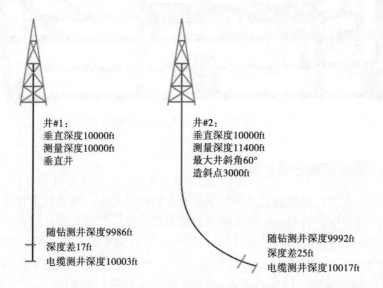

井#1：
垂直深度10000ft
测量深度10000ft
垂直井

井#2：
垂直深度10000ft
测量深度11400ft
最大井斜角60°
造斜点3000ft

随钻测井深度9986ft
深度差17ft
电缆测井深度10003ft

随钻测井深度9992ft
深度差25ft
电缆测井深度10017ft

图 15.4　两种情况下，电缆测井深度与随钻测井深度的对比（据斯伦贝谢公司）

15.3　地表精度的重要性

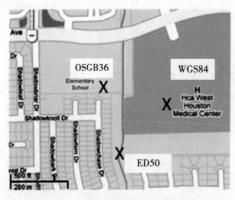

图 15.5　地理坐标系的重要性
这 3 个点使用 3 种不同的坐标系统，分别为 OSG36、WGS84 和 ED50

准确的井位和海拔是获取准确深度的先决条件。准备工作始于钻井之前。

15.3.1　基准

地理坐标系统很少在测井中记录。如果这个系统没有确认，那么经度和纬度可能是模糊的[10]，如图 15.5 所示。

图中的 3 点具有相同的纬度和经度，但这是对应于 3 个不同的坐标系。试想一下，如果一个是小学校的位置，第二个是医院，第三个是恐怖分子的总部所在地，只提供给轰炸机飞行员纬度和经度，而没有地理坐标系的细节，那么后果可能是灾难性的。由于类似的情形，许多井钻在了错误的地方。

15.3.2 做参考的北向应明确定义

北向是一个模糊的参考。租地通常用格网北向做参考。方向测量往往是基于地球磁场，以磁北极计量。这两个"北向"都不是真正的北向。如图15.6所示，三者之间的明确关系是至关重要的，这样可以避免人为错误。

Survery Record							
Geomagetic Data							
Model: BGGM Ver.2001		Date:2001–12–11T07:30:15			Dec(+E/W)–0.01 dega		
Power Palse Reterence Criteria							
[G]=998.00 mGal +/- 3.00 mGal		[H]=830.00 nT+/- 7.00 nT			[Dip]=25.30 dega+/–0.30 dega		
Corrections							
MN GN TN (m t g)		GN=Grid North MN=Magentic North TN=True North			g= Grid Convergence（GN–TN） = –3.00 dega m=Magnetic Declination（MN–Tn） = –15.00 dega t=Total Correction[MN–GN] = –12.00 dega		
Listing		Computation		Raw Data			
Seq No.	Meas.Depth （m）	Inclination （°）	Azimath （°）	Tool Category	Sag Corr BHA	Std/Long Survey	Remark
1	305.00	0.00	120.00	MWD	Y, #8	N	Gyro Reference
2	1059.00	1.10	121.50	MWD	Y, #8	S	Reference Criteria
3	1829.20	20.15	162.35	MWD	Y, #8	L	5 Axis Correction
4	1929.50	20.20	162.25	MWD	Y, #8	S	Repeat Run, Ref, Criteria
5	3500.25	120.35	182.30	MWD	Y, #8	S	Reference Criteria

图15.6 方向测量的辅助信息

这3个"北"有明确定义，(+/−) 表示有误差

GN代表格网北向，MN代表地磁北向，TN代表真北向。GN−TN = −3度，

MN–TN = −15°，MN−GN = −12°

15.3.3 高程模型

同样重要的是，钻机位置的描述应该有固定的参考系。如图15.7所示，仅仅一个数值是不足以描述的。

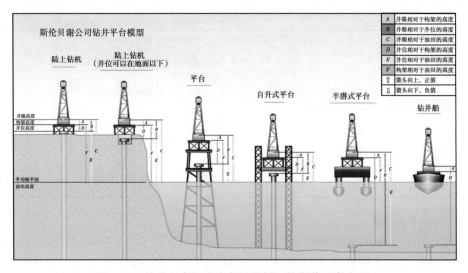

图15.7 钻井平台的地表布置举例（据斯伦贝谢公司）

要明确定义钻井平台的高度，一个高度是不够的

15.4 深度信息盒

15.4.1 概括

考虑到有关深度的潜在问题，数据采集公司应提供关于深度测量，深度刻度和深度校正的所有信息。如图15.8所示，这些信息收集在深度信息盒内。深度信息盒应成为测井数据的一部分。

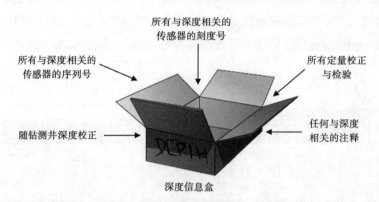

图 15.8 深度信息盒应成为测井数据的一部分

15.4.2 斯伦贝谢公司实例

斯伦贝谢公司将深度信息以图表形式列在深度摘要部分。

如图15.9所示，斯伦贝谢公司深度摘要包括：

深度摘要列表		
		日期：1999年5月5日，11:02:25
深度系统设备		
深度测量装置	张力装置	测井电缆
类型：IDW-B 序列号：432 校准日期：1999年1月2日 校准序列号：1765 校准电缆类型：7-46P 锚链轮校正1：-3 锚链轮校正2：-2	类型：CMTD-B/A 序列号：8732 校准日期：1998年12月28日 校准序列号：457 校准增益：1.37 校准偏差：-0.58	类型：7-46P 序列号：8325 长度：18750.00ft 传送方式：测井电缆 钻机类型：陆上
深度控制参数		
测井序列：本井首次测井 仪器串在地表的长度：352.00ft 仪器串在井底的长度：351.00 ft 长度校正：1.00 ft 拉伸校正：7.50 ft 仪器零点地表检验：-1.50ft		
深度控制注释		
1. 此系本井首次测井 2. 未做速度校正 3. 上行测井与下行测井进行了深度对比 4. 5.		

图 15.9 深度摘要列表的例子（据 SPWLA）

124

（1）日期和转轮主刻度的准确度。

（2）所使用的深度参考。例如，钻台仪器零点或先前运行测量之差别。

（3）拉伸或其他环境校正。

（4）与地表或深度参考点的深度闭合。

（5）与标准程序不同的记录。

15.4.3 深度规程文件和可追溯性

除深度信息盒以外，以下的信息对石油公司也是非常有益的[11]：

（1）数据采集公司深度规程文件应当公开化，并提供给用户。

（2）数据采集公司需要进行审核，验证员工理解并充分遵守深度测量规程。

15.5 对不同深度的调整

研究表明，如果数据采集公司提供相应的信息及记录他们的操作程序[12]，那么深度问题是可以控制的。

在北海地区进行的一个成熟的案例研究证实了这一说法。图 15.10 给出了调查结果。第 1 道显示出电缆测井和随钻测井深度有 15m（50ft）的差异。一旦数据被检验和校正（钻井深度也做拉伸校正）后，差异降至 3m（10ft）。这一数值仍然很大，进一步的工作还可以降

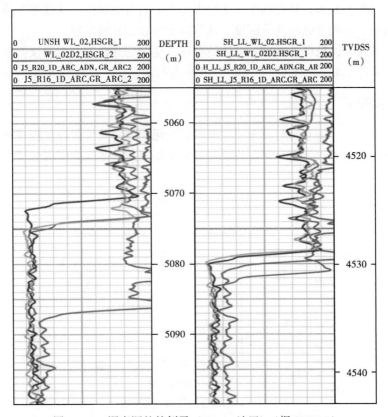

图 15.10　深度调整的例子（Kristin 油田）（据 SPWLA）

125

低该差异。

15.6　电缆蠕变

15.6.1　电缆蠕变的定义

尽管不知道绝对深度，但是通过相关对比，测量井中同一点是可能的。在相同地层段进行两次测井，识别测量中的共同特征，然后调整其中一次测井来匹配到另一次测井上，后者称为参考测井。

测井相关对比众所周知。如果两次测井以相同速度进行，那么在大多数情况下相关对比都会成功。这是进行静态压力测量，井壁取心和射孔前的第一步。接着要使井下设备停下来，完成以上操作。若是控制不好[13]，致使深度不匹配，会引起干压力测试，薄层岩样错误解释，以及射孔深度偏差。流体与岩心取样与射孔均会有深度偏差。

蠕变是在电缆测井中观察到的。当地表绞车停止时，井下设备不可能立即停止。井下设备移动的距离被称为蠕变。

15.6.2　蠕变原因

当绞车停止时，井下设备不会马上停止。从绞车到井下设备的信息传播速度是有限的。对于 24000ft 深的井，从绞车的停止时间到测井仪器串开始减速之间的时间约为 4s。仪器完全停止还需要额外的时间。蠕变的第一个原因是所谓的电缆延迟。从仪器开始减慢，其速度呈指数方式衰减，时间常数取决于深度、钻井液密度和钻井液黏度。

当井眼不理想时，粗糙的井壁、滤饼的存在、复杂的井轨都会引起仪器串频繁加速和减速，导致仪器串除蠕变外，还有不可预测的遇卡与打滑。

15.6.3　模拟蠕变

如图 15.11 所示，蠕变量与绞车速度随时间变化曲线以及仪器速度随时间变化曲线之间的面积成正比。开始时假定绞车深度和仪器深度是相同的，曲线之间的面积为随时间变化的速度差的积分。

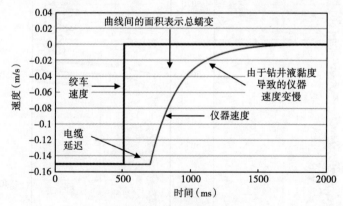

图 15.11　蠕变的模拟（据 SPE）

绞车在 500ms 处停止时间

15.6.4　确认蠕变

蠕变已被 3 种独立的方法证实：

（1）通过监测绞车停止后的信号，比如仪器接近一个已知标记时（套管接箍或放射性标签）所检测的信号。

（2）通过监测加速器，加速度积分得到速度，然后再积分得到距离。

（3）通过对静止标记的重复测井调查。例如射孔后在套管井中进行成像测井。

15.6.5　实际的例子

如图 15.12 所示[13]，显示 1.7m（约 60ft）的蠕变。

有趣的是，有些实例显示负蠕变，这意味着测井仪器比在地表指示的更深。

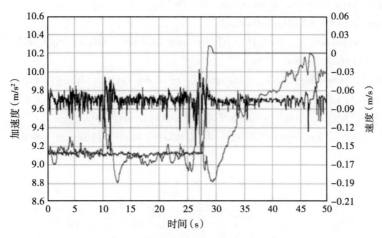

图 15.12　蠕变监控实例（据 SPE）

仪器在绞车停止 20s 后仍在移动。在这个例子中，蠕变估计为 -1.686 m

15.6.6　套管井中的影响

电缆射孔深度总是比实际深度浅得多[14]。通过收集了 52 个射孔段的数据表明[13]。它们的平均值为 0.05m，标准偏差为 0.24m。很明显，更多的研究和进一步分析是必要的。

15.7　小结

（1）深度是最重要的测井记录。

（2）深度测量有不同方法，但无法测量真正的深度。

（3）不同深度的匹配（即按一种深度的测量调整另一种深度）会产生混淆。

（4）数据采集公司需要提供其测量深度的方式及所有可能提供的信息。

（5）当获得所有的辅助信息后，使不同的测量一致是可行的。

（6）当在地表停止电缆携带的仪器时，它很可能会再蠕动几秒钟，这种蠕变需要仔细量化。

参 考 文 献

［1］ Theys, P. , *Log data acquisition and quality control*, Chapter 20 on directional surveys, Editions Technip, 1999.

［2］ Williamson, H. S. , Wilson, H. , "Directional drilling and earth curvature," paper SPE 56013.

［3］ Williamson, "Accuracy Prediction for Directional Measurement While Drilling," paper SPE 67616.

［4］ Sollie, F. , Rodgers, S. , "Towards better measurements of logging depth," SPWLA, 1994.

［5］ Schlumberger, Abu Dhabi depth conference minutes, 2003.

［6］ Smith, D. , "Depth Control on Deep Tuscaloosa Wells," MCBU.

［7］ McGinness, T. E. , personal communication.

［8］ Desbrandes R. , Schenewerk, P. , "Stretch depth correction with logging cables," CWLS, 1991.

［9］ Kirkman, P. S. , "Depth measurements with wireline and MWD logs," SPWLA Norwegian chapter, 1989, re-printed in SPE reprint series 40 "Measurement while Drilling," 1995, pp. 27-33.

［10］ www. ngs. noaa. gov/PUBS LIB/gislis96. html.

［11］ Loermans, T. , Kimminau, S. , Bolt, H. , "On the quest for depth," SPWLA 1999, 40th SPWLA annual log-ging symposium, Oslo, Norway, 1999.

［12］ Pedersen, B. K. , Constable, M. V. , "Operational procedures and methodology for improving LWD and wire-line depth control, Kristin field Norwegian Sea," *Petrophysics*, Volume 48, No2, 2007.

［13］ Fitzgerald, P. , "Wireline creep," paper SPE 118027, Abu Dhabi, 2008.

［14］ Pledger, T. , *et al.* , "Are wells perforated on depth today?" *World Oil*, January, 2008.

16　隐藏的测井数据信息

目前交付的测井记录往往是不完整的。数据采集公司通常认为，石油公司不知道该如何利用所有的数据，而且还评论："如果石油公司想要信息，我们都有，随要就给。"因此，建议油公司索取任何可用的数据。

隐藏的测井数据信息的发现是靠运气的。在审核中，如果专家找到一个很好的原始数据，然后他会想："为什么数据采集公司不总是提供这些数据呢？"

本章讨论的是些随机发现的例子。这不代表面面俱到，因为很可能还有更好的例子。每个部分都是独立的，它们之间没有任何逻辑联系。

16.1　图版集

图版集包含了丰富的信息[1]，很容易从测井公司获取。图版集不是直接用于执行环境校正，这个枯燥乏味的任务由软件来完成。它们更多用于测井作业的规划与培训，以使得用户熟悉不确定的数据。它们可能包含操作程序及最大限度地减少错误的策略。

很明显，几十年以前的数据也受环境的影响，而且这些影响也需要进行校正。那么在哪里可以找到相关的图版呢？丹佛测井学会做了大量的工作，收集了从 1947 年至 1999 年的旧图版，并汇总成四张 CD。图 16.1 显示了其中 3 张 CD。

图 16.1　产生于 1947—1999 年的旧图版已被数字化存档（据 SPWLA）

斯伦贝谢公司、哈里伯顿公司和西方阿特拉斯公司的旧图版可从 CD4、CD5、CD7 上找到。还可以见到 Gearhart、Welex 以及 PGAC 等已不存在的公司的图版

16.2　测井作业规划软件

测井公司的规划软件主要是内部使用。如图16.2所示，这是斯伦贝谢公司选择感应仪器偏距的软件。它参考井眼大小和钻井液类型等因素，选择最佳偏距。一般来说，测井公司不阻止石油公司使用他们的软件，而且会提供帮助。

感应测井仪规划软件是非常有用的（图12.4）。它告诉用户是否将要采集的数据具有低或高的不确定度。输入参数包括从邻井得到的地层电阻率、钻井液电阻率、偏距尺寸和井眼尺寸。根据这些信息，在二维图上可绘出一个点。该点的位置可预测数据采集工作的不确定时。注意，如果数据落在"所有测井曲线可能有较大误差"的区域，数据很可能无法用于定量解释。

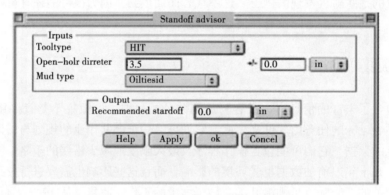

图16.2　偏距规划软件（据斯伦贝谢公司）

16.3　质量控制曲线

质量控制曲线显然是所期待的测井数据特征。这些曲线可以来自原始数据，目的是要表明所获取的数据是有效的。这类曲线一般很少提供，因为：

（1）它们有可能清楚地表明测井数据无效。测井公司不热衷于提供这样的数据。

（2）它们通常复杂而且难以理解。油公司很少有专业知识来利用它们。

最广泛应用的质量控制曲线是密度校正曲线（$\Delta\rho$）。用于评估滤饼、重晶石和井眼不规则度的影响。如第13章所示，它可以用来更好地估计密度 ρ_b 的不确定度。

近年来，质量控制曲线已经在测井图上作为旗标显示出来，警告用户任何潜在问题。图16.3就是感应测井仪的例子。图16.4是一个实例，显示出测井作业的困难性。图16.5是三轴感应测井质量控制曲线的例子。

所有测井公司都有质量控制曲线，尽管他们很少提供给用户。参考文献［2］显示了哈里伯顿公司的自然伽马频谱仪的测井质量控制曲线。图16.6和图16.7来自贝克—INTEQ公司。质量控制曲线与随钻测井密度仪（ORD）有关。曲线的解释在图的底部给出。

图16.8很有启发性。对于大多数密度测井仪，密度校正 $\Delta\rho$ 应在0附近。但对于ORD仪器，密度校正可能在最小值（较小的正值）和最大值之间变化。第3道显示了测量值，预期的最小值和最大值。它们确认测井数据的有效性。

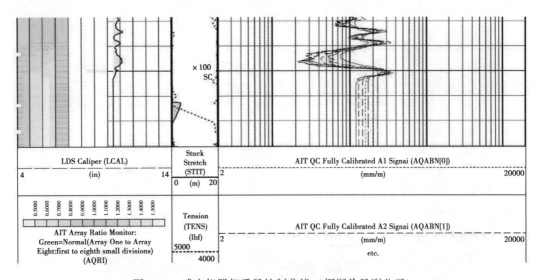

图 16.3　感应仪器仪质量控制曲线（据斯伦贝谢公司）

质量控制旗标显示在第 1 道的左侧。在彩色印刷里浅灰色将显示为黄色。黄色是一个警告，
显示不是一切测井因素都可控

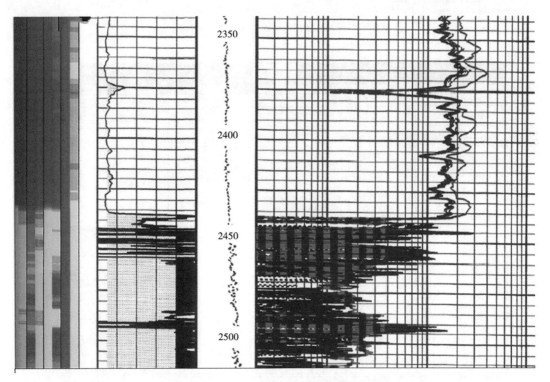

图 16.4　实际曲线受到不良井眼状况的严重影响

灰色旗标和受噪声干扰的原始曲线使质量问题显而易见

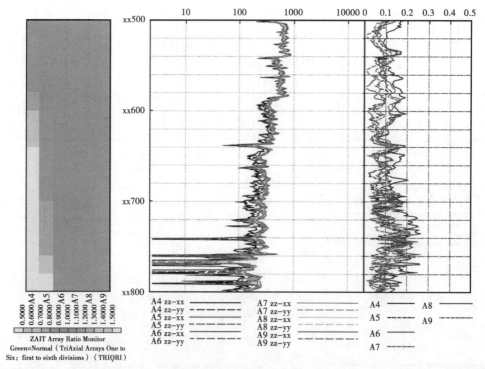

图 16.5   三轴感应测井质量控制曲线（据 SPWLA）

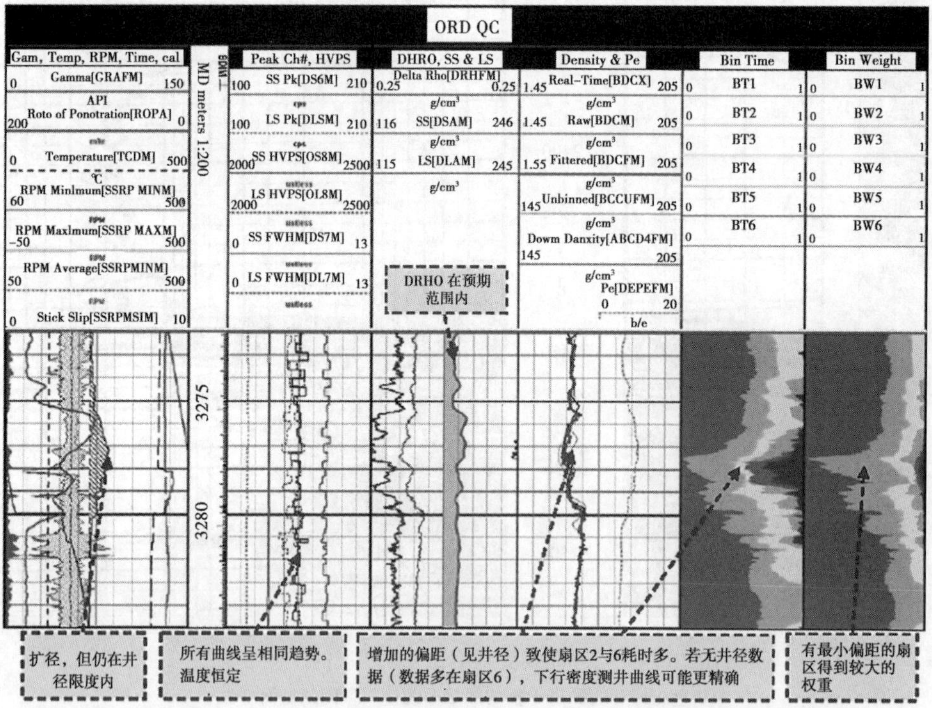

图 16.6   ORD 测井质量控制曲线—对贝克-INTEQ 随钻测井密度仪校正曲线的监控
（据贝-INTEQ 公司）

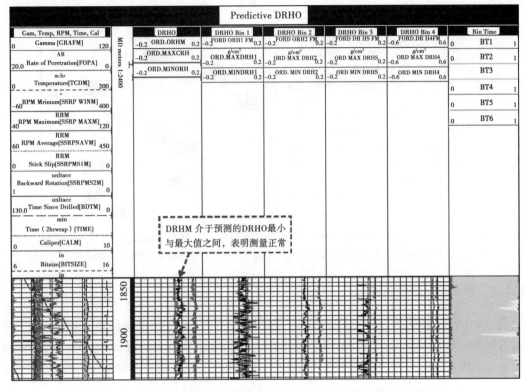

图 16.7　预测的密度校正曲线 DRHO 的例子（据贝克—INTEQ 公司）

16.4　刻度细节

刻度控制显示已经演变成一长串的旗标。如第 8 章所示，"OK"标志并不能保证刻度的正确性。刻度的最关键因素是一套良好的刻度设备和严格地遵守测井公司的刻度程序。

16.4.1　刻度指南

刻度指南包括有关正确刻度设置的图片和刻度程序的简短说明，这些都已公开发表。图 16.8 和图 16.9 是从斯伦贝谢公司刻度指南[3]中摘录的。

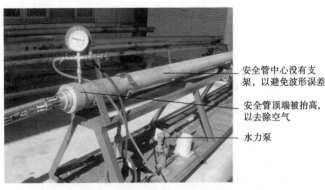

图 16.8　声波水泥胶结测井仪器刻度的标准设置（据斯伦贝谢公司）

右边的注释是正确的操作规程，SFT 意指安全管

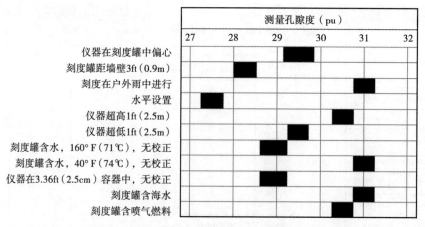

图 16.9 不正确的刻度过程引入的系统误差（据斯伦贝谢公司）
这些信息可以用来评估与刻度有关的不确定度。准确刻度后的仪器读数应为 30pu

16.4.2 刻度的详细信息

测井公司的内部图示含有比交付给用户的刻度尾文件更详尽的刻度信息。如果用户要求，这些数据会交给用户。这些信息对不确定度的详细分析非常有用。如图 16.10 所示，这些信息可以对仪器磨损的影响进行定量分析。它包括作业前和作业后仪器在刻度块中的测量。

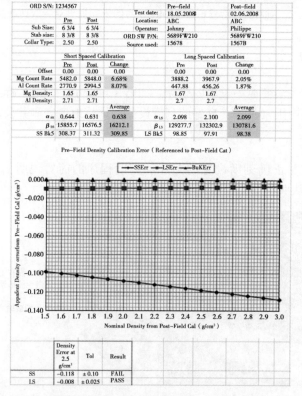

图 16.10 公司随钻测井密度仪的刻度细节（据贝克—INTEQ 公司）
比较了测井作业前后的刻度，两者之间的偏移百分比表明仪器的磨损

16.4.3 连续刻度

比较连续刻度的刻度系数，可以帮助识别由硬件故障引起的异常漂移。图 16.11 适用于密度刻度。

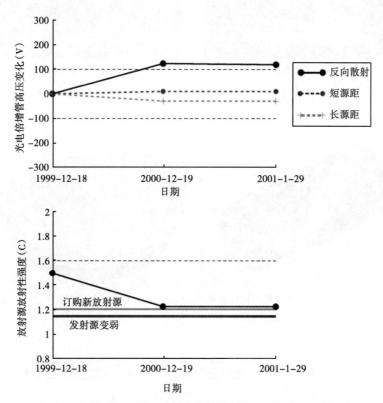

图 16.11　光电倍增管的电压随时间的变化（据斯伦贝谢公司）
突然变化的电压应该可疑，可能标志着光电倍增管有问题

16.5　有关磨损的信息

所有测井仪器在井中运行时都会有磨损。比如，待测地层厚度为 3600ft，若采用电缆测井以 1800ft/h 的速度测量，需要 2 小时。同时，该仪器在井内上下会经历显著的磨损。

若采用随钻测井，测井时间由钻速控制。以 60ft/h 的速度测量，需要 60 小时，比电缆测井多 30 倍以上。如图 16.12 所示，$\Delta\rho$ 随深度变大。它标志着在钻头切割地层的过程中，连续磨损累计增加。

磨损可以不经过测井数据而直接看到。这从测井仪器本身可以观察到。一些测井公司定义了用以解释磨损的硬件特征（图 16.13 至图 16.15）。

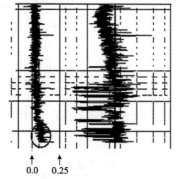

图 16.12　从密度校正曲线上观察到的仪器磨损
深度比例是相当压缩的。左侧的曲线是密度校正曲线，
单位为 g/cm^3。在浅层，校正接近 $0.0g/cm^3$，
然后随着深度的增加而慢慢变大

135

观察到的标志信息见表 16.1。

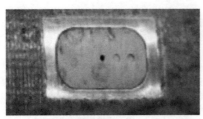

(a)受过磨损的仪器接头　　　　　　　　(b)重新整修的仪器接头

图 16.13　探测器的磨损（据贝克—INTEQ 公司）

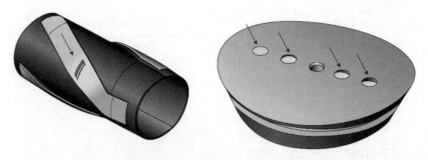

图 16.14　随钻测井密度仪的磨损指示（据贝克—INTEQ 公司）

仪器接头上每个孔有不同的深度。根据磨损程度的不同，有些孔完全消失。磨去的厚度可能会导致孔隙度的偏移

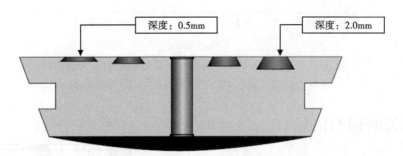

图 16.15　磨损指示的切面图，显示孔的不同深度（据贝克—INTEQ 公司）

表 16.1　磨损指示总结（据贝克—INTEQ 公司）

16106B	刻度前	稳定器磨损指示	未安装		磨损程度
		发射源窗口磨损指示	少于 0.5mm	4	磨损孔
		短源距探测器窗口磨损指示	少于 0.5mm	4	磨损孔
	刻度后	稳定器磨损指示	未安装		磨损程度
		发射源窗口磨损指示	多于 2.0mm	0	磨损孔
		短源距探测器窗口磨损指示	多于 2.0mm	0	磨损孔

注：尽管作业前的刻度与检查表明无磨损，作业后发现了磨损。测井过程中，仪器接头至少磨去了 2.0mm。原来的四个孔在测井后都消失了。密度大大改变了。

136

16.6 小结

（1）测井公司拥有大量的数据，但是石油公司却知之甚少。

（2）测井公司的仪器设计者开发了许多有关质量的信息。但由于石油公司没有特别要求，这些信息便没有提交。

（3）对于这些隐藏的信息，为了双方的利益，数据采集公司应该向用户开放。数据采集公司还应该提供培训，使得用户能充分利用这些数据。

（4）这些隐藏的信息对于不确定度的定量分析非常有用。

参 考 文 献

［1］ Schlumberger, *Chartbook*, 2009.

［2］ Theys, P. , *Log data acquisition and quality control*, Éditions Technip, 1999.

［3］ Schlumberger marketing services, *Schlumberger logging calibration guide*, 08−FE−014, 2008.

17　测井工程师对数据质量的贡献

你为什么需要像我们这么聪明的人来做这项工作？
——一个欧洲最好的大学的毕业生问测井公司的招聘人员的问题

17.1　历史背景

17.1.1　早期的测井工程师

测井起源于那些长时间在井场工作的工程师中。最著名的照片就是康拉德·斯伦贝谢、马克·斯伦贝谢和亨利·道尔在井场的照片（图 17.1）。第一批测井公司的员工在井场和研发中心交替工作。早期对于测井工程师的招聘，偏好非专业性的工程师，他们需要在物理学各方面（包括力学、电学与电子学）都有涉猎，必须了解流体力学、机械、流变学和三维电学。

图 17.1　亨利·道尔在 Baku 刻度测井仪器（据斯伦贝谢公司）

对测井仪器，井眼和地层之间紧密关系的考虑是测井进步的先决条件。现场仪器测试始于法国的 Pechelbronn 油田，后来在苏联应用。尤为重要的是源于 1928 年的自然电位测井技术，直到 1938 年人们还在不断地研究其在井场中的应用（图 17.2）[1]。

早期的测井工程师不遗余力地向石油公司建议各种仪器配置和钻井液条件（图 17.3）。自然电位测井一般进行四次：第一次是在停钻一天后，第二次是在抽汲井眼后，第三次是当石油在井内流动时，第四次是在二次抽汲井眼后。因为人们在现场测试和数据整理方面花费了相当多时间，所以他们对早期的测井曲线有全面的理解。

17.1.2　未来的测井工程师

在未来数十年后，测井工程师需要哪些技能？对于这个趋势有一个夸张的故事[2]：未来，只有一个人和一条狗在测井控制室里，电脑将进行测井操作。人负责喂狗；但是如果人企图接近电脑，狗就会去咬他。

17.1.3　一个中间步骤——远程支持和控制

假设测井工程师的作用不仅仅是喂狗，很明显的一点是数据采集公司试图使用经验不足的工程师。在他们的认知里，测井工程师知识的不足可以被快速远程技术[3,4]所弥补。数据采集公司可以连接到远离井场的测控中心，就像是远离战场的作战室。

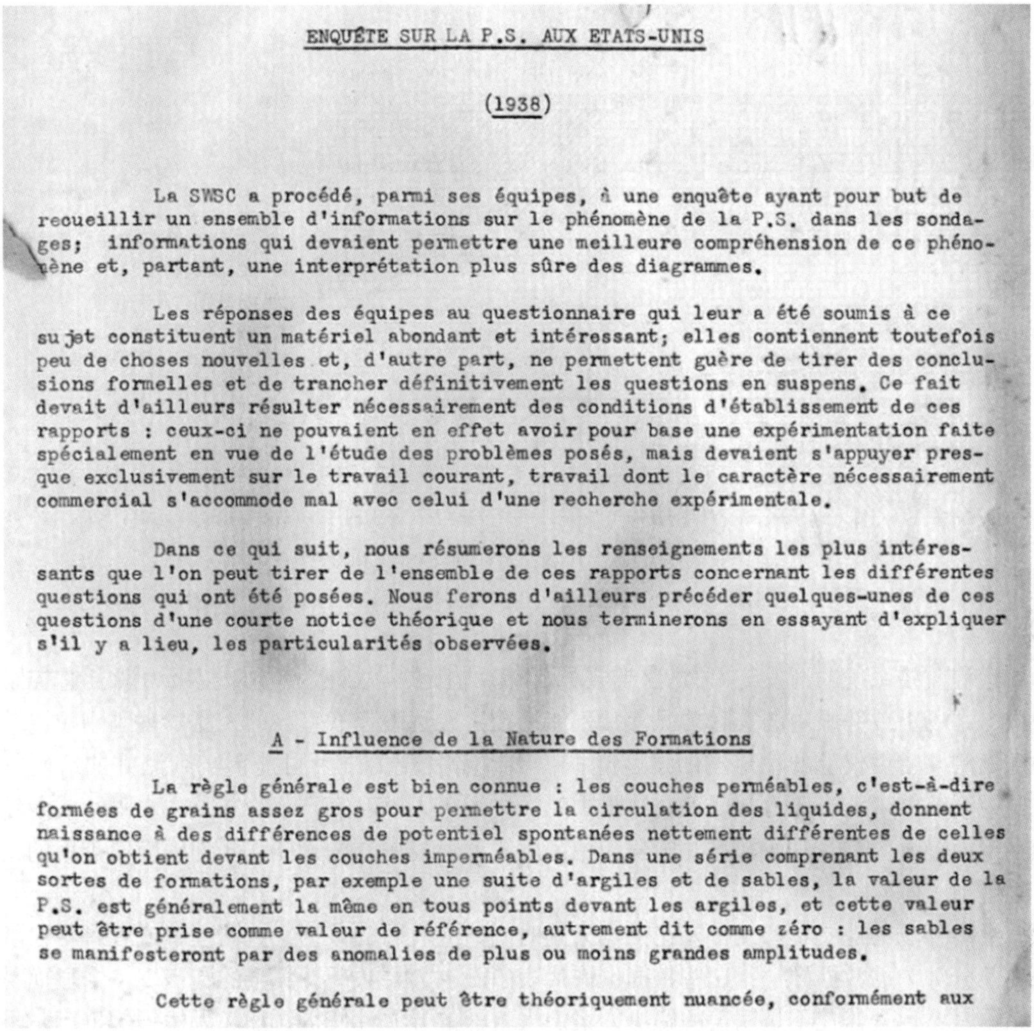

ENQUÊTE SUR LA P.S. AUX ETATS-UNIS

(1938)

La SWSC a procédé, parmi ses équipes, à une enquête ayant pour but de recueillir un ensemble d'informations sur le phénomène de la P.S. dans les sondages; informations qui devaient permettre une meilleure compréhension de ce phénomène et, partant, une interprétation plus sûre des diagrammes.

Les réponses des équipes au questionnaire qui leur a été soumis à ce sujet constituent un matériel abondant et intéressant; elles contiennent toutefois peu de choses nouvelles et, d'autre part, ne permettent guère de tirer des conclusions formelles et de trancher définitivement les questions en suspens. Ce fait devait d'ailleurs résulter nécessairement des conditions d'établissement de ces rapports : ceux-ci ne pouvaient en effet avoir pour base une expérimentation faite spécialement en vue de l'étude des problèmes posés, mais devaient s'appuyer presque exclusivement sur le travail courant, travail dont le caractère nécessairement commercial s'accommode mal avec celui d'une recherche expérimentale.

Dans ce qui suit, nous résumerons les renseignements les plus intéressants que l'on peut tirer de l'ensemble de ces rapports concernant les différentes questions qui ont été posées. Nous ferons d'ailleurs précéder quelques-unes de ces questions d'une courte notice théorique et nous terminerons en essayant d'expliquer s'il y a lieu, les particularités observées.

A - Influence de la Nature des Formations

La règle générale est bien connue : les couches perméables, c'est-à-dire formées de grains assez gros pour permettre la circulation des liquides, donnent naissance à des différences de potentiel spontanées nettement différentes de celles qu'on obtient devant les couches imperméables. Dans une série comprenant les deux sortes de formations, par exemple une suite d'argiles et de sables, la valeur de la P.S. est généralement la même en tous points devant les argiles, et cette valeur peut être prise comme valeur de référence, autrement dit comme zéro : les sables se manifesteront par des anomalies de plus ou moins grandes amplitudes.

Cette règle générale peut être théoriquement nuancée, conformément aux

图 17.2　井场研究的法语文献
标题译为"自然电位测井在美国应用的实例分析（1938）"

与其相类似的是赛车运动。汽车零部件发送大量的数据给驾驶员和维修人员。发动机温度、发动机运转时间、兰姆大传感器❶都可以表明发动机整体运转正常，避免车辆损坏。每个车轮速度和轮胎压力都暗示着汽车抓地力的改变。事实上是多方面共同监控，而不是单方面处理数据。

为了优化测井工作，作战室里可以增添一些测井专家，而不是一个替代品。在赛车时，一个很重要的任务是要有一个像胡安曼·努埃尔·方吉奥❷或者是迈克尔·舒马赫❸那样高素质的赛车手。赛车道是人设计的，但油田不是。

---

❶　兰姆大传感器估算传感器对气体/氧气含量以用于优化燃料混合物。
❷　一位 20 世纪 50 年代著名的阿根廷赛车手。
❸　另一位奥地利赛车手。

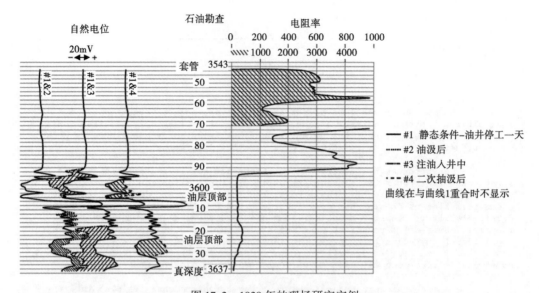

图 17.3　1938 年的现场研究实例

对同一地层进行反复测量，以便更好地理解自然电位响应

　　远程监控系统的开发与 CCTV❶ 监视器类似。但是，就像狡猾的罪犯极力躲开监控系统一样，井场上或井眼内的实际情况常常不能遥控。在远程作战室内的人能发现刚刚拉出井眼的随钻测井密度仪上的稳定器的过度磨损吗？或者发现 LCM❷ 可能影响到测井曲线吗？远程监控系统能确定当压力阀门还在井眼中时，井场工人就一直不断给井眼注水吗？或者钻井液在地面慢慢渗漏，进而影响井中静液柱高度吗？遥控中心的人能观测到感应仪器用的支架已经磨损了吗？

　　远离井场的地质学家经常要花上几天的时间研究有限的数据，试图理解或者解释仅仅发生在几分钟内的数据异常；这些数据也许代表了石油公司数千万美金的资产。一个显而易见的结论是：远程监控不是完美的解决方案。大自然的异质性使得石油和天然气的生产是不可能成为一个完全自动化的过程。

17.2　人为因素

　　测井工程师的人为因素需要被理解。有别于机器和电脑，人的行为随时间而改变。假设一个具备适当的培训和良好的态度的人，他的表现有时候可以是 4，有时候可以是 8（从 0 到 10 的等级，10 是最高级别）。图 17.4 显示了这种可变性的一个实例：同一运动员跑步成绩，最好成绩是 52s，大部分是 70 多秒。

　　业绩的一个很重要因素就是激励。

　　（1）不良激励示例。

　　石油公司请一名测井工程师进行测井作业。他在波涛汹涌的大海上晕船，当到达海上平

---

❶　CCTV：闭路电视。

❷　LCM：堵漏材料。

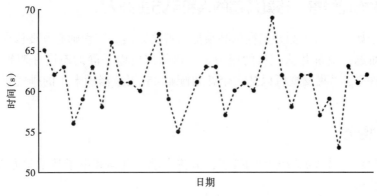

图 17.4　人行为的可变性

台的时候他已经极度疲劳。海上平台没有他的房间，测井作业的预期时间也不明确。他不得不借用值班员工的床休息。公共厕所堵塞，淋浴的水不热。他睡得正熟的时候被叫醒，并被告知钻头将在 10min 后出井。一头雾水的工程师匆忙奔向自己的岗位。测井计划不明确，没有人告知他测井的目标。这样的情形很可能致使很差的测井结果。

（2）良好激励示例。

这名工程师后来被另一家石油公司聘用进行测井作业。工作前三天，勘探经理打电话给他解释了在某个特定深度区块取得良好数据的重要性。工程师搭乘直升机到海上平台。他有一个单独的房间可以好好休息，为这个十分重要的测井工作做准备。石油公司在平台上的负责人、钻井队长和泥浆工程师简要告知他的工作任务、测井作业开始的准确时间。在开始工作 3 小时前，有人轻轻叫醒他。他可以去厨房喝完咖啡后，安静地准备测井所需的地面设备。测井设备上已经有一份完整的钻井液报告，描述钻井液、滤饼和钻井液滤液的新鲜样品及钻井液性能。对于电缆测井工作，一份岩屑的详细报告能帮助工程师在测井工作中识别地层的层序。虽然是同一位工程师操作，与上一次工作相比较，本次工作有很大的把握成功。当有好正面的激励时，工程师会尽其所能出色地完成工作。

17.3　测井工程师的多项作用

测井工程师的作用是在钻井过程中，在给定钻井液的条件下，采集最佳的数据。为了实现这一目标，他必须扮演如下角色。

17.3.1　外交官

测井工程师可能需要说服井队人员，井下仪器串结构（包括支架和扶正器）是可以使用的。过往很多不好的测井工作就是因为工程师未能说服甲方同意使用在井下仪器串上的这些特定设备。

测井程序和步骤是岩石物理学家和地质学家指定的，但是他们很可能不是在井场工作的。因此，测井工程师必须立场坚定、态度友好。

17.3.2　安全经理

测井工程师对其设备和工作环境可能存在的任何不安全情况有很关键的监督作用。

17.3.3　实验物理学家、答疑解惑的人和甲方主办人

如果工作未如期进行，测井工程师必须提出解决方案。工程师必须要横向思考去解决他从未遇到过的难题，疏解井队人员的压力。工程师需要以平静的态度和逻辑的方式解决问题。如一个事件[5]：“我发现可以把一个杯架倾斜45°用来修理卡车的排气管，但是这并不简单。”

17.3.4　物理学家

测井工程师需要具备机械方面的技能，流体力学、电学和电子技术学方面的基本知识，还有良好的计算机知识。

17.3.5　汇报者

测井作业的一个重要组成部分是优良的报告。每项作业都不同，其特点需要被详细描述和记录。报告的风格和内容要保证几十年后的数据用户还能依靠它全面了解这个测井作业的细节。

17.3.6　数据卫士

如第6章中所解释的，测井工程师可能会受到很多来自测井公司管理层或石油公司的压力，迫使他修改数据。测井工程师有保护数据不被篡改的义务。他不应该试图掩饰可能遇到的问题，或者改动数据。

17.3.7　决策者

测井工程师是第一个看到代表地层特性曲线的人。在随钻测井作业中，当钻头钻过一个新的标记或地层（钻头和测井传感器之间的距离可能会造成一些延迟），他能立即提醒石油公司。如果地层太早或者太晚到达，测井工程师可以提醒石油公司改变钻井计划或井眼轨迹。

借助于适当的网络连接，这些信息可能被发送到作战室。一个远离井场舒适安逸的房间很难像随着钻机震撼摇动的钻井平台一样，参与到测井工作中。

17.4　人为错误的管理

Serra[6]提到：“若是你探讨影响测井测量的误差的大小，你会发现，由于物理和技术的限制引起的误差小于人为误差。”

人为误差包括两种形式：非故意的（也被称为疏忽）和蓄意的。蓄意的人为误差是为了使数据采集公司或数据用户产生利润，他们会隐藏错误、草率的数据采集处理过程，以欺骗合作伙伴甚至是政府部门，抑或是为了使个人受益。例如，一个人篡改数据来获得更高的奖金。非故意的人为误差（也被称为疏忽），不仅仅在石油行业，而且在任何领域都会发生[7]。

17.5 对人为疏忽的管理

人为误差直接关系到每个人。缩短数据流并且合理分配工程师和地面系统之间的任务可以有效降低人为误差。

17.5.1 测井工程师和计算机

由亨利·道尔[8]和他的团队执行的第一个测井工作可以概括为：正确设置设备，适应突发情况，采用全透明算法，验证信息，核查信息与岩心、岩屑，监测深度，在钻台上检测测井设备的运转情况，向客户报告所有信息和有趣的细节。如今的测井工程师更像一名计算机技师，而不是一个收集相关的有用信息送给客户的观察员。测井工程师应该回归自己的本职。

现在很多任务都由计算机代替人类完成。在石油行业之外，条形码和条码扫描器被大量使用；避免键盘输入可以减少很多错误。值得注意的是，这样的做法虽然在大多数情况下都不错，可是有时也会导致误差。人们编写软件时一定会犯错误。完全没有错误的软件是没有的。当软件出错时，任务的结果就都错了。

17.5.2 计算机技术管理的任务

（1）专家信息。

很多测井信息来自专业人员：

①位置、坐标、地球磁场特性来自勘测员。

②钻井液信息来自泥浆工程师。

③水泥信息来自泥浆工程师。

④生产数据来自生产工程师。

非专业人员通常很难理解复杂的测井数据。现在大部分信息由测井工程师手动输入，可能产生很多人为错误。这些数据应该以数字化的方式传输到测井公司，并记录测井数据的信息来源。为了促进这一数据采集传输流程，工业界可以制定和规范测井数据的数字化模板。

（2）单位和定义。

计算机应该严格管理测井数据的单位（m、ft、psi、kPa等）。为避免混淆，需要明确清晰表明数据单位和亚单位。

实例：

①氯化钠浓度和氯的浓度不一样；可能相差高达65%。

②重量的%与体积%不同。

③加仑（美制）不同于加仑（英制）。

④英尺（美制）不同于英尺❶。

（3）由数据库管理名称。

若是不关注客户，油井和油田名称可能会造成很多管理混乱。这些独特的数据应该只被输入一次，就不再更改。譬如，客户需要 East Cameron block 75、油井 OCS-G-8932 JC-12

---

❶ 国际英尺 1ft = 0.3048m，美制英尺 1ft = 0.3048006096m。两者的差为百万分之二。

的数据。5 位测井工程师测了两个侧钻的工作。如果没有标准的规范，出现在测井数据标题的油井名称有可能是：

①OCS-G-8932 JC#12 Field：East Cameron block 75。

②OCS-G 3289 JC-12 Field：East Cameron block 75。

③OCS-G-3289 JC-12 Field：E. Cameron block 75。

④OCS-G-3289 JC-12 Field：East Cameron block#75。

⑤OCS G-3289 JC-12 Field：East Cameron block 75。

结果 5 口虚拟井被建立，但是实际上只有一口井。有一个强大可靠的数据库来管理井名，可以减轻错误发生的可能性。井名只输入一次，在后续使用中会自动显示在一个下拉菜单中，供用户选择。

17.5.3 工程师的职责

借助于改进的地表系统的帮助，工程师可以把自己的时间放在如下的事项：

（1）去井台检查工具配置（支架的尺寸、叉形接头的用途等）。

（2）与其他工作人员商讨油井勘测的细节。

（3）跟客户沟通澄清任何可能出现的问题。

17.6 诚实正直或处理蓄意的人为误差

篡改数据不是什么新鲜事，也不仅仅发生在石油工业。甚至天才也会用篡改的数据来说服别人。发明者倾向于从理论开始（或教义），然后仔细选择数据，证实他们的理论[9]。测量仪之父，Pierre Méchain[10]曾隐瞒一些数量数据，仅仅因为它们不符合他喜欢的图像。因此，十分有必要完整地保存所有数据，当客户有需求时，尽量提供完整的原始数据。数据采集公司的道德挑战是自觉地将复杂的且可读可理解的数据输送给用户。

越多的数据交付给客户，就可能会发现越多的数据质量问题。当一个经理被问到为什么不提供辅助数据给用户时，他说："这些辅助数据有可能告诉用户，主要数据是不正确的。"计算机将有助于减少数据被篡改的可能性，在一定程度上实现公正和平等地对待所有数据。对一些早期不太复杂的程序，这有可能是可行的。今天许多用于公平决策的程序非常灵活，并有很大的自由度。有些公司知道如何利用它们进行优化，以夸大自己的利益，损害他人利益。

17.6.1 测井工程师的誓约

与医生在开始行医之前所立的誓约一样，测井工程师也应该有如下誓约：不更改数据，不销毁数据，不隐瞒数据采集过程中的任何状况。此誓约应该在任何时候都被贯彻，并有专业协会监督。

17.6.2 在测井公司中的强化执行

尽管誓约为测井工程师指明了正确方向，但雇主仍需不断加强他的职业道德。测井公司应该保护工程师免受内部压力和石油公司的压力。职业道德标准在测井公司早就存在（如斯伦贝谢公司标准 21），但没有得到应有的重视。如果测井工程师不遵守标准，测井公司应对其制裁。测井公司应该毫不犹豫地开除任何轻视数据完整性的员工。

17.7 强调数据的重要性

最后，以一个建议来结束本章。反复强调数据的重要性肯定是有一些心理增益。一些高级测井数据（如核磁共振测井、电磁波传播测井）在测井工作结束后，没有经过仔细分析就被迅速存档，因为数据分析需要额外的培训和专业知识。这反映出数据并没有得到很好的应用。很多时候水泥胶结测井数据交付给客户后，并没人看。如果测井工程师发现一些费时费工的数据没有人看的时候，他有可能没有动力努力工作。如果测井工程师被告知："你现在测的数据没有什么重要性，这是我们很了解的老油田。"这样会令人不舒服。相反，也许这样说更好："你要测的数据很重要，将会帮助我们解决各种问题。"

大多数用户关注主程数据，却很少花时间看其他信息（刻度、质量控制曲线等）。为了增强工程师对于辅助信息的关注，客户需要表现出对其他信息的兴趣。测井数据不只包括主程数据。

17.8 小结

（1）测井工程师是数据质量至关重要的贡献者。

（2）尽管有远程支持，井场还是需要一组精英工程师团队。

（3）疏忽时有发生。测井工程师和地面数据采集系统之间合理分配任务，可以减少疏忽的发生。

（4）篡改数据也会发生。测井工程师的誓约以及测井公司订立的职业道德标准可以减少数据被篡改的可能性。

（5）强调数据的价值有助于采集到高质量的数据。

参 考 文 献

[1] Anonymous, *Evaluation of Spontaneous Potential in the Unired States*, 1938.

[2] Deffeyes. K. S., *Bevond oil, the view from Hubbert's peak*. p. 26, Hill and Wang. New York. 2005.

[3] Gould. A., "Balancing the interests of consumers and producers," 11th annual Asia oil & gas conference, Kuala Lumpur, 2006.

[4] In-TouchTM, "Satisfied customers rate Schlumberger among the best, Tokvo," ATE World. 2002.

[5] Sébastien, Le blog de Sébastien, http：//slb-life. com/? p=648.

[6] Serra, O., *Well Logging and geology*, Editions Technip. 2004.

[7] Theys. P, "Blunder management and traceability, the critical requirements of the longterm value of data," Formation evaluation society of Westem Australia, Perth, 2008.

[8] Jost, R., "Le log," *Petiophvsics*, July-August. 2006.

[9] Popper, K., *Logik der Forschung*, Springer. 1935. Available in English as *The logic of scientfic discovery*, Routledge classics. 1959.

[10] Guedj, D., "*Le Mètre du Monde*, Le Seuil, Paris, 2000.

18 钻井数据

数据导致复杂化,我们有时只能尽力而为。测量井下冲击并不会使钻井工具更结实。基于不准确的数据所做出的决策甚至比没有数据更糟糕。

——引自钻井工程师的话

18.1 钻井数据及其他

本书的大部分章节可能让读者误认为在实际运用中的各种挑战来自岩石物理数据。在现实中,任何数据都有可能无法满足用户的需求。本章将讨论钻井数据的一些具体内容。钻井数据的实时价值可以用于优化钻井效率,提高监控程序,避免非生产时间(NPT);它们还可用于钻井后的根本原因分析和未来井眼设计的规划。

18.2 历史关联

18.2.1 地表测量

在井下随钻测量(MWD)问世之前,所有对钻井决策有帮助的信息都是在地面收集的。它们包括:

(1)地层深度、钻机游动系统速度和钻进速度。

(2)大钩载荷和钻压。

(3)扭矩。

(4)旋转速度。

(5)流速。

(6)钻井液密度,在钻井液振动筛测得的气体含量和成分❶。

(7)钻井液体积。

(8)钻井泵压力。

钻井工程师写生产日报表是一个标准的程序。一份写得好的报告可以包含非常有用的信息❷。

---

❶ 在钻井时,钻井液数据不见得每天都变化。随钻测井工程师有可能报告钻井液的密度和黏度是恒定的;事实上,化学品定期被添加到钻井液里,但是只有在钻井液性能回到指定值时,钻井液录井工程师才汇报钻井液性能。钻井液添加剂与地层相互作用,钻井液性能不断改变。钻井液性能的变化应当报告。

❷ 关于钻井液成分有一个行业标准报告,但是大多数公司都采用自己的标准。

18.2.2 随钻测量

随钻测量可以增加对井下状况的认识，包括：

（1）冲击和三轴振动。

（2）变转速。

（3）轴向、扭转和弯曲力。

（4）环形孔和井眼压力。

（5）流速和温度。

这些额外的信息可以帮助司钻减少以下风险：井下振动、井涌、井眼恶化、钻井液堵漏、卡钻、钻柱冲刷和拧脱。连续的监控在灾难前会发出警告信息。有些信息对于验证岩石物理数据的有效性至关重要。例如，过度的振动和可变传感器的转速可以解释地层的错误读数。可变钩载钻柱的压缩会影响深度测量的准确性。

井眼路径设计和多个潜在钻井目标的相对位置决定方向性传感器的精度。当接近其他已存在或者计划好的井眼时，井眼位置的不确定性变得十分重要。如果要钻的井眼是一段短距离的分支，这要好过一段很长的水平井。用于井眼导向、井眼抗塌陷和井眼定位的方向性数据在相关文献[1]已经研究了，无须再进一步阐述这类数据的重要作用和对其不确定性管理的必要性[2]。

18.2.3 钻井不是越来越容易

第7章讲到了油井的复杂性。钻井作业所面临的挑战包括（但是不仅仅局限于）：延伸的水平井眼长度，更高的温度和压力，深水钻井，穿透衰竭油藏，等等。如今，钻井平台、管材设备及液压系统的技术发展都已达巅峰状态；高质量的钻井资料、恰当的数据流程和相关的数据处理对于做出正确的决策至关重要，因为它们对时间极其敏感。即使对于简单的钻井操作，仅仅通过更有效地监测钻井数据并对其做出及时的反应，就可能100%地提升钻井指标。

18.3 钻井数据的具体性质

18.3.1 测量和观察到的是什么

当岩石物理信息稳定时，司钻可以通过迅速改变地面钻井控制参数，使钻井信息随时间的变化非常之大 。井下钻柱的受力和运动有时会变化很快，通常不易被测量察觉。动态过程需要仔细审查。钻柱冲击的时间框架、振动和旋转运动通常只有几分之一秒，底部钻具组合的转速周期可能会超过一秒。测量数据通常是几秒内的平均数据，因此很难充分描述此类快速动态事件。类似于借助测量不同几何体积来研究侵入对岩石物理特性的影响，因此比较钻杆在不同时间的受力和运动，对于研究钻井过程中的种种现象也有帮助。

18.3.2 时间域

传统上，在钻头穿过的每一段深度间隔，钻井时间平均值或瞬时值将会被记录。与钻井液和其他岩石物理数据类似，钻井数据是参考单调增加的井眼深度。钻井是记录一个与时间相关的现象，但是钻头会在相同深度间隔多次经过。例如，当起钻时，一旦钻头卡住，与其相关的重要信息将无法记录在传统的以底部深度做参考的数据中。

所幸的是，新型计算机的数据处理能力增加了两个数量级的数据量，钻井数据能够适当地以时间为参考记录下来。以时间作索引的数据属性有别于传统意义上的深度索引数据。尽管它们可能是名义上的定期采样，时间索引的数据通常包含偶然的违规行为。另外，时间索引数据产生的问题是当一个数据文件每隔 5s 采样时，采样点可能是在过去 1min 内的 5s、10s、15s、20s，等等；然而另一个每隔 5s 采样的文件的采样点是过去 1min 里的 2s、7s、12s、17s，等等。在时间域采样中，要妥善处理如此的采样数据误差。

有时钻井数据以 1min 作为记录间隔。然而，钻井操作在 1min 内可能会发生多次变化，很重要的事件（如施加在遇卡钻柱上的最大拉力）也许只是瞬间发生的。以下地面参数对于钻井过程的基本理解至关重要，包括钻头深度、井眼深度、钻机游动系统高度、钻机游动系统速度、钻进速度、钩载、钻压、扭矩、转速、流速、钻井液池体积、立管压力和钻井液气体含量等。数据的最低要求是每 5s 做平均。

井队人员习惯于协调钻机上不同深度的传感器，以保证司钻、钻井液录井工程师和随钻测量单元的深度对位。不同的工作人员记录各自的时间索引数据，但是彼此之间经常会有偏差。钻井数据提供公司（包括地面和井下数据）应该协调彼此的时间和测量深度。

18.3.3 缺乏标准

所有的岩石物理参数通常有通用的工程单位，并有适当的采样率和足够的分辨率。

不同的是，钻井数据由不同的工程单位记录，缺乏行业数据标准❶。

缺乏钻井数据标准和适当数据分析系统是提高钻井效率的根本障碍。如果所需参数不明确，基本上没有可能得到它们。由于缺乏对数字化记录数据的明确要求，一些钻井承包商认为简单的数字化显示钻井数据就是履行合同义务了。

石油公司很少知道其指定的数据采集公司提供的所有参数，而数据采集公司也可能并不知道其客户的需求。双方可能都没有意识到钻井数据的全部价值；在某些情况下，也许任何一方都不能正确地处理分析时间索引数据。

钻井液录井工程师通常负责收集用于计算流速和机械比能的钻井液数据。石油公司地质部门通常指定对钻井数据的要求；但是有可能与有限的实时数据可用带宽相冲突。实时数据带宽一般用于井下随钻测量工具，实时更新井下压力、振动数据和各种必要的岩石物理参数。地层相对倾角的变化决定传输岩石物理参数的频繁性。然而当钻柱遇卡或随钻测量仪器失效时，实时数据不再产生，钻井作业将产生大量额外费用，遭受损失。

在钻井过程中，所需数据通常被记录并且是可以获取的。但是由于时间数据数量庞大，除非有特别要求，时间索引数据往往在钻井完成后不久就被删除了。

记录时间的惯例可能是多样化的。有的是 12 小时记时的。时间参考里的秒是另一种通用的时间格式。但往往时间参考和时区没有在数字化数据中。日期格式也不尽相同，可以是月-天-年，也可以是天-月-年。所需时间和日期的格式应该在时间域数据中指定❷。

---

❶ 例如，流体体积常采用 bbl、ft^3、m^3、L 或 gal 为单位，而诸如 10^4N 这样的单位有时被采用，以便于与英制对比。

❷ 国际标准化文件 ISO 8601 规定时间标准格式为年-月-日-时-分-秒。

最小钩载和最大钩载，扭矩和立管也可以得到最翔实的统计。为了更完整地了解钻井过程，对以下信息的详细描述是必需的：井下钻具组合，压力，井下旋转速度和角加速度（黏滑）测量中的振动变化，（井眼调整清理前后的）流体性质，井眼轨迹和地层信息等。其他数据，如钻具组合的上紧力矩和循环系统阀门的设置也应记录。

在钻井作业的每个阶段，当穿透具有不同钻井特征的地质地层时，对钻井数据有不同的技术要求。

清理井眼总是必要的，但垂直井一般比 45°的斜井或水平井容易，因为后者要求更准确的井下压力和/或表面扭矩、阻力测量，以防止底部钻具组合的卡损。

当钻穿套管时，对压力激动的容许限度一般要大于井眼末端的容许限度。井眼末端需要更准确的井下压力测量，以防流体倒灌到井内，而发生井涌和井漏。在扩孔操作中，井下压力数据对确保井眼扩至所需直径十分有用。不仅传感器的测量精度十分重要，实际测量数据的质量也必须保证。

18.3.4 质量控制和质量保证

自动数字数据的质量保证系统通常更适合保证元数据❶的完整性和一致性，而不是工程数据的准确性。质量保证的责任通常落在钻井液录井工程师或者随钻测量工程师的肩上。他们通常不对更复杂的扭矩、阻力和液压系统负责，因为此类数据分析需要准确的测量，所以他们一般不一定有资格评估数据质量。为了避免任何可能的利益冲突，通常由数据采集人员以外的其他人员来保证数据质量。

针对元数据，从一个测量点到另一点，井下钻井参数的数量可能会改变；但是地面参数的可获取性应该是相同的。有时即使是可获取的，关键的钻井参数也可能从数字数据文件中丢失：数据单位错误、采样率不足、数据分辨率差、空值被截断、时间索引损坏和/或不一致或不正确的格式。深度索引数据文件虽然有时间标记，但对于许多应用来说仍嫌不够，因而还是需要时间索引数据文件。有时，时间参考本身可能缺失，从而使数据文件变得无用。

相比之下，对岩石物理数据的计算分析是一种更为成熟的艺术，其对输入数据的要求相对比较完备。数字岩石物理数据文件的格式一般由所需的参数决定。传感器可能发生故障，数据的准确性仍需被验证；对岩石物理数据的质量保证，包括主刻度、每月的重新刻度、作业前后的操作检查和在其他章节中提到的重复性验证。定向传感器中有这些基本的质量保证程序，但目前大多数其他钻井表征传感器没有它们。在其他章节中提到过岩石物理数据还有很大的改进空间；但对钻井数据来说，其质量保证基础尚待建立。

（1）重复测量的难度。

岩石物理数据和钻井数据的最根本区别是岩石物理传感器可以多次通过同一地层，提供可重复的测量。钻头以特定的旋转速度及钻头力量穿过某一特定地层，这样的现象仅发生一次，所以钻井数据（如扭矩）不可能以同样的方式被验证。井底钻具组合在起钻过程中多次经过同一深度，其受力是可变的；可能的影响因素包括井眼状况、钻柱运动（轴向和旋转速度）和流体浮力效应等。

一口井的岩石物理数据通常由单一的数据采集公司提供。但是，对于地面钻井参数，经常有多达三家不同的公司（钻井公司、钻井液公司和随钻公司）同时测量名义上相同的参

---

❶ 元数据：关于数据的数据。

数。他们很少就同样的参数得出相同的测量值。测量差异的部分原因是不同公司使用不同精度的测量仪器。即使是同一类型的测量仪器，仍然可能有很明显的不同。主要原因是钻井公司很少要求钻井数据的精度。目前还没有确保数据质量和验证测量精度的步骤。

（2）数据格式。

WITSML 和 LAS 数据格式是应用最普遍的。WITSML 格式常用于井眼元数据，较少用于时间索引的钻井数据。时间索引和深度索引的钻井数据通常使用 LAS 格式或者是 ASCII 格式。典型的 LAS 格式文件相对于 ASCII 码文件更具有一致性。通常 ASCII 码文件格式取决于不同的操作人员，甚至在同样的钻井平台上也会不同。

（3）数据损坏。

有些数据采集公司将不同仪器测量的时间索引数据合并为一个数据文件，这可能会导致数据损坏。图 18.1 是一个损坏的时间索引文件的例子：第 2 列与第 3 列分别是日期和时间，第 5 列是深度，第 7 列是区块的位置。深度（灰色）随钻井和区块位置下降而单调增加。第 3 列中的灰色数据记录了损坏的时间值，显示出更深的深度比浅的深度更早被钻到，这是不可能的。从午夜至午夜后 5 分 10 秒，日期记录也出了错：看起来是忽然退后 24 小时，随后又错误地提前了 24 小时。

序号	日期	时间	钻头深度	井眼深度	井眼垂直深度（ft）	钻机游动系统位置	钻速（r/s）	钻压（mPa）	大钩载荷（klbf）
1	07-19-07	23:55:10	4625.87	4625.87	4624.92	38.76	11.56	40.54	50.36
2	07-19-07	23:57:10	4626.21	4626.21	4625.25	38.41	7.76	38.82	52.08
3	07-19-07	23:58:00	4626.30	4626.30	4625.34	38.32	7.76	36.92	53.98
4	07-19-07	23:53:10	4626.60	4626.60	4625.64	38.02	7.76	39.59	51.31
5	07-19-07	00:00:20	4627.36	4627.36	4626.40	37.26	11.97	43.01	47.89
6	07-19-07	00:06:30	4627.48	4627.48	4626.52	37.15	11.97	34.91	55.99
7	07-19-07	00:07:20	4627.80	4627.80	4626.84	36.82	11.97	34.88	56.02
8	07-19-07	00:02:30	4627.92	4627.92	4626.96	36.71	11.97	33.12	57.78
9	07-19-07	00:05:50	4628.01	4628.01	4627.05	36.62	12.46	31.96	58.94
10	07-20-07	00:05:10	4628.15	4628.15	4627.19	36.48	12.46	34.12	56.78
11	07-20-07	00:06:00	4628.24	4628.24	4627.28	36.39	12.46	32.74	58.16
12	07-20-07	00:09:20	4628.33	4628.33	4627.37	36.29	12.46	32.05	58.85
13	07-20-07	00:04:30	4628.42	4628.42	4627.46	36.20	12.46	32.26	58.64
14	07-20-07	00:07:50	4628.51	4628.51	4627.55	36.11	12.46	34.23	56.67
15	07-20-07	00:03:00	4628.61	4628.61	4627.65	36.02	12.46	32.05	58.85
16	07-20-07	00:08:00	4628.72	4628.72	4627.76	35.90	15.48	33.02	57.87
17	07-20-07	00:10:30	4628.81	4628.81	4627.85	35.81	15.48	33.04	57.86
2	07-19-07	23:57:10	4626.21	4626.21	4625.25	38.41	7.76	38.82	52.08

图 18.1　损坏了的时间索引数据（据 Hutchinson）

（4）刻度和校正

地面测量仪器在生产过程中已按照一定的要求刻度和验证。一旦安装在钻井平台上，测量仪器的操作精度会被定期检查，但是通常没有正式的报告，也没有历史记录可查。对随钻测量仪器的操作检查也很常见。但是通常只是功能性的定性检查，而不是定量的精度检查。交给客户的数据里很少包括与此相关的报告❶。

地面钻压仪器往往是间接测量，容易受滑车轮摩擦和其他环境因素的影响。地面钻压测量是配衡的，以补偿钻杆长度的变化和浮力的影响。但是简单的称量偏差并不包括传感器的灵敏度或者测量精度的漂移。

有些井下重量和力矩传感器有温度和压力补偿。其他传感器的设计是无补偿的，由此产生的误差可能会使井下重量和力矩数据不准确。配衡可以提高井下测量精度，但是不能校正在钻井过程中频繁出现的压力变化。有时甚至在配衡后还会产生地面力矩和钻压小于井下力矩和钻压的错误。

18.4 数据处理

除采集正确的输入数据之外，在处理时间索引的钻井数据时还会有各种各样的问题。岩石物理测量是由位于钻具上或测井仪器串上不同位置的传感器测得的。岩石物理数据的处理与测井仪器间的相对距离有关；所有的测量必须校准到同一深度。类似的，钻井仪器也是位于钻具上的不同位置；但当地质事件发生时，各个仪器同时响应，此时的测量不应该被校准到同一基准深度。

传统上，钻进速度的基本计算是在深度索引数据中，以深度变化除以相应的时间变化。当钻头在钻具底部连续运行时，这个简单的算法是适合的；但当起钻时（如钻杆连接）❷，传统的计算是错误的，因为钻头在一段较短时间内的穿透速度很高。正确的计算是需要一个更合适的时间参考算法。

在地面测量钻头深度用于计算钻进速度。它本身是一个动态现象，影响因素包括流速的改变、管压缩（钩载）和当钻机漂浮时的钻台升降[3]。

与随钻测量传感器在井下测得的实际旋转速度相比，信号从地面数字旋转传感器输送到模拟数据采集系统的过程，常常会导致数据有 10% 的误差。

18.4.1 数据错误处理的实例

如图 18.2 所示，第 1 道是垂直深度（TVD）；第 2 道是钩载；第 4 通是井下环空压力（PWD）；第 5 道是井下当量钻井液相对密度（EMW），等于环空压力除以垂直深度。

环空压力在整个时间段都在频繁变化，但是，对深度索引数据不合适的处理致使所计算的当量钻井液相对密度在 10:00 至 10:30 时段错误地显示为常量。

---

❶ 井下定向传感器总是经过刻度的，若有必要，其测量也要进行钻柱挠曲和/或大地参考磁场的局部动态改变校正。

❷ 图 14.7、图 14.8 显示有多少时间花在起钻上。

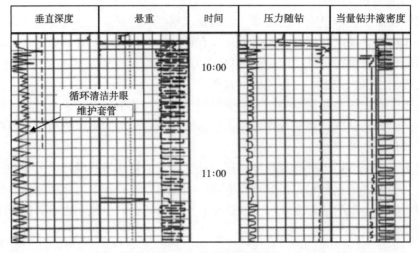

垂直深度	悬重	时间	压力随钻	当量钻井液密度
		10:00		
循环清洁井眼 维护套管				
		11:00		

图 18.2　不正确的时间索引数据处理（据 Hutchinson）

18.4.2　采样、处理和统计

岩石物理传感器对其经过的井眼和地层的空间体积很敏感。岩石物理测量参数受传感器的物理尺寸影响，包括探测深度和垂向分辨率。传感器的采样率和速度（钻进速度或测井速度）、横向弯曲振动会影响岩石物理数据的探测深度和垂向分辨率[4]。

对钻井参数来说尤其是动态钻井，瞬时因素最重要，包括原信号的频率组成、数据采样率、测量统计（如线性平均值、均方根、最大值或最小值）及其发生的时间间隔。如果模拟传感器的响应通过一个 1Hz 的低通滤波器，那么每毫秒进行数据采集就没有意义。统计数据的测量时间间隔必须适合钻井过程本身。例如，如果扭转黏滑的周期是 7s，那么在 0.5s 内测量最大旋转速度和最小旋转速度的差异是不恰当的。平均作用力的采样周期也应该比动态变化的时间长；相反，测量最大钻头作用力时，传感器的频率响应和采样率应该比动态变化的时间短。

为了确定地层真电阻率，需要用多个不同探测深度的电阻率测量来校正钻井液对地层侵入的影响。钻柱的震动状态变化频繁，岩屑层随时形成和消失。与电阻率测井的探测深度和垂向分辨率相似，简单的平均井下震动或是压力并不能清楚地表征钻井过程的动态特征。比较在不同时间段获取的统计资料，可以表明震动、受力和压力的时间分布，从而对复杂的液压机械钻井动态过程进行更有意义的描述。对岩石物理参数的测量，有物理行业标准（如 API 伽马刻度井以及测井公司刻度井得到的参考密度），以保证所有测井公司的测量一致❶。钻井测量中的物理参数（如压力、速度和加速度）虽然有行业标准，但是它们的时间属性（如频率）并没有明确的标准，不能直接比较不同公司之间的测量数据。具有不同频率响应的震动传感器以不同的减震方式安装，以确保电路系统在钻井过程中正常工作。不同仪器在不同的时间间隔中进行震动测量。有些传感器对在一段时间内加速度超过各种阈值（震动）的次数进行计数，而另一些传感器则对这些加速度进行平均。用户应该知道所使用传感器的

---

❶　尽管有这些行业标准，但具有相同物理基础和相似设计的仪器仍可能给出不同测量结果。

类型以及所测统计数据的类型。

18.4.3 图形化的数据表示

岩石物理测量数据仍然采用与传统记录在铸铁光学薄膜机上相同的格式。这有助于钻井工程师、地质学家和岩石物理学家比较容易地使用和解释这些数据。然而，钻井数据却是由不同公司以多种图形格式记录的，这导致数据解释困难。

图 18.3 是一个标准的地面和井下钻井数据的图形显示。这是一种简单的方法，可以提高各类用户识别钻井事件的能力，并在钻井问题恶化之前进行预先处理[5]。

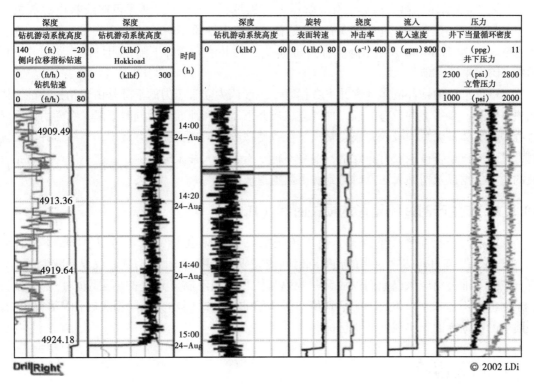

图 18.3　由于未记录流体性质的改变而导致的不必要的起钻（据 Hutchinson）

18.5　劣质的代价

尽管有些钻井预算中预计了高达 25% 的非生产时间（NPT），实际钻井成本经常超出预算很多。百分之几的误差对于岩石物理数据已经是很大了，因而会采取相应措施保证数据质量。当使用井下电机钻井时，在钻过不同岩性时的压力异常可能错误地归咎于电机转矩的改变。同样，低于钻机扭矩限度的地面转矩偏差，本来可能是由钻井机能失调引起，却经常被简单地归结为地质变化，因而被忽略。

低下的钻井效率有时会产生高于 50% 的测量变化。在这种情况下，即使数据不准确，司钻也可能意识到一些征兆，进而做出反应。然而，很多昂贵的低钻井效率造成的误差小于 20%。当这些误差小于测量精度时，它们往往不被操作，即使地面仪器的司钻有所察觉，因而被忽略。

经过刻度的随钻测量仪器可以用来验证钻机传感器的测量。例如，在钻井操作中，多个钻柱连接失败时，随钻测量仪上重量和扭矩传感器的信息有助于更好了解导致连接失败的动态井下钻削力。刻度过的随钻测量扭矩传感器表明钻机扭矩的测量已经超出刻度范围；因而症结是在地面管线上紧的过程中，钻机施加了过大的扭矩。

另一次故障中，井下压差因故障未显示，造成一个没有打开的扩孔器未被发现，进而导致套管卡在一段窄于标准尺寸的井眼里，井眼不稳定性被误诊，引起了没有必要的侧钻。

18.5.1　由低质量的流体数据和不足的数据流导致的错误决定

如图 18.3 所示，第 8 道显示有立管压力（黑色）、井下压力（黑色曲线右边的灰色）、井下循环密度（黑色曲线左边的灰色）。随着一种流变性质不明的钻井液被泵入井内，立管压力从 8 月 24 日 14:48 开始下降。直到 6min 后，钻井液到达井下随钻测量传感器，井下压力在 14:54 才开始减少。

当缺乏准确的钻井液属性和井下数据时，一般认为立管压力的下降是由于钻柱冲蚀，因而决定起钻。事实上并没有冲蚀。冲蚀会造成井下压力和地面压力同时下降。在随后的起钻过程中，气体被无意中吸入井眼，解吸过程致使橡胶材料残留在钻井液中。当测试井的产能时，流速测试设备被橡胶材料封堵，最终不得不重新进入井眼进行测量，这一切均是由钻井液的低质数据以及司钻无法及时得到井下数据造成的。

18.5.2　非生产时间和无形的损失时间（ILT）

钻井的改善措施❶已经证明了使用传统的钻井性能指标，效率可以从 100% 增长到 400%。如果一口井可以在一半的预算和时间内完成❷，说明非生产时间不仅仅是减少了几个百分点。石油公司应该以他们以往钻井效率起伏和技术限制（最好的历史绩效）来评估钻井工作，而不是基于以往效率的平均值[6]。压缩非生产时间和无形的损失时间❸都很重要。高质量的数据有助于实现这两个目标。

18.6　改善沟通

油田钻井行业从早期的带石凿和捞沙筒的电缆钻台发展到今日的液压机械钻台，历史悠久，但是工具制造商和钻井部门往往缺乏适当的数据培训。本章开头那段引言今天依然盛行。

进行钻井测量的公司一般有能力按要求充分提供多种用途的数据，但如果缺乏明确的要求和程序，数据质量有可能会缺乏一致性。钻井部门应该与数据采集公司展开对话，并且紧密参与井设计的每个阶段中对所需钻井数据的采集。数据规格应包括准确度，分辨率，精度和采样率（尤其是实时随钻测量数据），工程单位，明确客户是谁，采用什么样的图形格

---

❶　例如，ExxonMobil 公司采用的 FAST 钻井。

❷　仍然保证井眼质量。

❸　无形的损失时间（ILT）对于井交付过程中的低效率程度进行定量化，这是使用传统标准不能显而易见的。如果钻机操作不是采用现有技术以及最佳专门技能，其效率会降低，这将导致无形损失时间的累计。

式，以及便于做出更好更及时的决策的时间表。

数据采集公司需要提高仪器刻度和周期性验证其准确性的报告。数字数据在采集后应当尽快归档，数据质量保证的责任应分配给既熟悉钻井又熟悉后续数据处理的人。

应该建立适当的方法计算钻井效率，它应该明确规定哪一个底部钻具组合运行元数据统计，用来评估需要改进钻井业绩的机会。元数据的要求应包括常见的底部钻具组合类型、转向机构、实时性能监测传感器（如井下压力和振动）、井下振动统计、振动隔离器、钻井液的类型、性能分析应用（如扭矩和阻力）、钻井失效的机理、钻头状况、非生产时间和起钻原因。

18.7 未来的钻井数据

高质量的钻井数据是降低钻井成本、减少对环境影响的重要一步，甚至在一些极端情况下，可以拯救人的生命。当结合适当的分析和模型时，高质量数据可以增加识别在以下过程中发生潜在问题的能力，包括钻井、起钻、下钻或固井，也可以帮助防止一些征兆恶化。有关高质量数据价值的一个实例是钻井顶部驱动控制系统，它用以协助方向控制，以及识别和减轻破坏性的旋转黏滑钻进功能障碍。该系统已证明可以大大改善钻进速度和钻头寿命。只有高频率采集的高分辨率准确数据才能实现这种改进。

远程实时协作中心大大提高了钻井特性和钻井平台的安全性能。然而，由于远程和无法近距离观测钻台上的活动，高质量的数据对他们有关键性的帮助。总而言之，高质量的数据使得更多的钻井程序自动化，而且减少不确定度。

一些公司通过简单有效地使用现有数据取得了重大成果。高质量钻井数据的价值开始被重视。

有一项试验，类似于20世纪80年代末和90年代初的康菲石油公司试验井[7]。该井在单一的底部钻具组合上沿钻柱同时运行多个井下钻井传感器。试验证明，它们所测数据的质量差异取决于各自的不同信号处理方法。该项试验也帮助了工业界更好地了解狗腿度、井眼扩大，以及传感器在底部钻具组合上的位置对测量数据的影响。

18.8 小结

（1）钻井数据的价值随着井下随钻测量的出现而飙升。

（2）以深度为索引的钻井数据有其用途，但更多的信息和价值包含在以时间为索引的钻井数据中。

（3）钻井数据的提供没有行业标准，这严重限制了它的正确使用和质量控制。

（4）劣质钻井数据和不充分的数据分析可能会大大提高成本。

（5）大量钻井数据被采集，但只有很少量被分析利用。

参 考 文 献

[1] Theys, P., Log *data acquisition and quality control*, chapter 20, Éditions Technip, 1999.

[2] Williamson, H. S., "Accuracy prediction for directional measurement while drilling," *SPEDE* 221-233, 2000.

[3] Kirkman. P. S., "Depth measurements with wireline and MWD logs," SPWLA Nowegian chap-ter, 1989,

reprinted in SPE reprint series 40 "Measurement while drilling;" 1995, pp. 27-33.

[4] Hutchinson M. W., *et al.*, "Log quality assurance of formation evaluation measurement while drilling data," SPWLA paper HH, Tulsa, 1994.

[5] Hutchinson Mark. *et al.*, "Using down hole annular pressure measurements to anticipate drilling problems," SPE paper 49114, New Orleans, 1998.

[6] Van Oort, E., Taylor, E., Thonhauser, G., Maida, E., "Real-time rig-activity helps identify and minimize invisible lost time." *World Oil*, 2008.

[7] Hutchinson M. W., "Comparisons of MWD, wireline and core data from a borehole test facility," SPE, paper 22735, Dallas. 1991.

19 岩心资料

> 关于岩心，唯一肯定的是，它不再属于地下油藏。
>
> ——岩石物理学家的诙谐共识

19.1 岩心测量

由于测井数据的复杂性与复杂化，人们往往认为，岩心资料应该是测井资料更好的替代品。事实上，地质学家喜欢岩心，因为你可以触摸它，看到它，闻到它，因而它看起来比测井数据更加真实。

但是，岩心如何提供定量信息呢？它来自对岩心栓的测量。众所周知，测量值不是真值。任何测量，即使是测量可接触到的岩心，都受不确定度的影响。

19.1.1 对岩心多次的测量

Neuman[1]决定做一个有趣的实验。他从同一深度取到岩心栓，分别送到 4 个实验室去做孔隙度的测量，每个实验室用不同的方法：

（1）流体求和法。

（2）盐水法。

（3）氦气法（200 lbf/in^2 负荷）。

（4）氦气法（3000 lbf/in^2 负荷）。

测量结果见表 19.1。

经笔者计算，平均值（平均值是从最后一行的四个数字计算的）的标准误差是 1.02。另外，也可以在每个深度计算平均值、标准误差，以及标准误差与平均值的比值（这些数字已被添加到原始论文的数字上）。

最后一列展示了岩心测量的近似可再现性❶。这些测量呈现大的相对不确定度（达 90.9%）。

表 19.1 不同方法测量岩心的对比（据 JPT）

深度	孔隙度（pu）				平均值	误差	相对不确定度
（ft）	岩心 1	岩心 2	岩心 3	岩心 4	（pu）	（pu）	（%）
6023.33	20.20	13.10	15.40	14.60	15.83	3.07	19.4
6034.42	17.60	18.30	19.00	18.10	18.25	0.58	3.2
6040.42	11.60	13.80	15.70	14.90	14.00	1.78	12.7

---

❶ 这是近似的，因为可再现性要求采用等同的测量过程。在参考文献所描述的试验中，采用了 4 种不同的测量方法。用测井的比喻来说，就是对比感应测井仪与侧向测井仪获得的电阻率。

157

深度 （ft）	孔隙度（pu）				平均值 （pu）	误差 （pu）	相对不确定度 （%）
	岩心 1	岩心 2	岩心 3	岩心 4			
6061.42	12.00	11.70	14.00	13.60	12.83	1.14	8.9
6066.33	14.90	11.50	13.70	12.10	13.05	1.54	11.8
6090.50	11.30	10.90	12.30	11.30	11.45	0.60	5.2
6109.42	14.90	9.60	10.20	9.30	11.00	2.63	23.9
6115.42	17.50	15.10	15.50	15.00	15.78	1.17	7.4
6124.42	8.70	8.10	8.20	7.30	8.08	0.58	7.2
6148.42	9.30	5.10	1.30	1.20	4.23	3.84	90.9
平均值	13.89	11.72	12.53	11.74	12.47	1.02	8.2

19.1.2 岩心资料的其他问题

值得注意的是，尽管测量过程有很好的描述，但并未提到人为误差对测量结果的影响。一种常见的人为误差是岩样深度的选择。虽然石油公司要求岩心取样在给定深度，岩心实验室也常常在容易取样的深度取心❶。

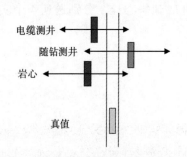

电缆测井

随钻测井

岩心

真值

图 19.1 当考虑到每种测量的不确定度时，三种测量值（电缆测井、随钻测井和岩心）的确有重叠。未知的真值很可能存在于这些区间的重叠区间

19.2 综合不同来源的数据

对于不同来源的数据，考虑到与其相关联的不确定度是一个很好的解决方案，它比无休止地争论"哪个测量是正确的"要好得多。引入测量的置信区间后，可以看出（图 19.1）对同一参数的不同测量在它们的不确定度范围内是一致的，其真值就在重叠区间内。相反，如果过分强调一个测量比其他测量更可信，就会丢失一些有用信息。试想，如果参照值真的如此正确，为什么需要其他测量呢？不同测量的

匹配使得附加的测量成为冗余。

19.3 小结

（1）岩心测量并不比其他的测量更可靠。
（2）不同来源的测量结果会有较大差异。
（3）显而易见，需要综合不同来源的测量结果。
（4）不应该以一种测量匹配另一种测量。每种测量都当包括其不确定度而加以权衡。

---

❶ 应当尽量避免在岩石容易裂开的地方取样。

参 考 文 献

［1］ Neuman. C., "Logging measurement of residual oil," Rangely field, paper SPE 8844.

［2］ Theys, P., *Log data acquisition and quality control*, chapter 27, Editions Technip, 1999.

20 结论和建议

> 如果树需要三十年才能成材，那我们今天就栽！
>
> ——西奥多·罗斯福（1858—1919）

测量数据和岩石物理模型是地层评价的两个组成部分。多年来，岩石物理模型一直被关注，丰富的分析软件提供了无限多种的最小化以及其他形式的优化方法。相反，测井数据往往被认为是理所当然的，并没有给予应有的重视。不正确命名原则，如把一个测量值当成"地层参数"，还是误导了许多测井分析家。

早期的测井分析家对测量的物理原理、相关技术以及数据从原始数据到提交数据的流程都有很好的理解，他们在测井解释过程中应用这些信息。在有意或无意之间，他们在测井计算中考虑了测量的不确定度。然而，由于井的复杂性以及数据和测井仪器的复杂化，已今非昔比，那个时代已经过去了。

本书的许多章节读后令人兴奋❶。因为如何对待测量数据并不容易，而且还有大量的工作要做。在过去，完成这样的工作被认为是数据采集公司的事❷，事实上，更有效和完整的数据处理也需要用户的主动参与。这些工作需要一定时间，因此要认识到启动这一工作越早越好的重要性。显然，专业协会（如 SPWLA）是协调该项工作的最佳平台，它们的具体工作如下：

（1）数据采集公司和用户需要明确真值与测量值之间的差异。

（2）反复强调标准化的重要性。

（3）重新强调现场工程师的关键作用。他们的位置直接面向雇主（数据采集公司）和客户（石油和天然气公司），需要强调该位置的重要性，使其不再迫于压力而修改数据或低调汇报数据采集时所出现的事故。应当引入测井工作者的誓约，以便赋予现场工作人员以自由的空间从而使他们遵守职业道德规范。

（4）提高企业的数据库管理和投资。这样做似乎增加了工作量，但从长期来看，它提高了测量数据的可用性。

（5）数据采集公司必须提供数据文档。

（6）解释分析软件要能处理更完整数据，特别是测量的不确定度。

以上这些建议适用于任何类型的井眼测量，比如裸眼井测量、套管井测量、电缆测井、随钻测井、取心以及其他与钻井有关的测量。

---

❶ 测井测量课程得到的最间接的赞美之词是自从上了这门课，令人无法入眠。

❷ 当设计 DLIS 数据格式时，石油公司的介入是有限的。21 世纪早期创立了数据改进特殊兴趣小组，但不久就失去了信心，因为数据用户意识到数据改进的任务艰巨后，从此不再介入。

20.1　真值和测量值之间的差异

20.1.1　并非误称

没有哪个测量值可以被称为地层参数。应尽量在所有的地层参数前加上"测量到的"。

20.1.2　从强调测量的技术规格开始

一旦数据用户充分理解了数据采集公司的技术规格，测量值和真值之间的混淆会大大减少。对技术规格的重视，如有可能的话在数据交付中再予以强调，是一个良好的开端。

20.1.3　如何对待测量误差和不确定度

更进一步，测量误差和不确定度必须如实公开并加以讨论，而不应有负面含义。任何重要的测量都该有相应的"误差"或"不确定度"的数据记录。

数据采集公司对他们的测井仪器采集的数据的误差和不确定度有着更深入的认识。他们有责任与数据用户共享这方面的知识。

20.2　标准化

20.2.1　相似结构的交付成果

用户和数据采集公司群体需要达成共识，尽可能实现标准化的交付成果。每套数据中都会有空值，它不含有任何专利秘密。然而，不同的数据采集公司使用不同的方法来代表空值，见表 20.1。

表 20.1　不同的数据采集公司代表空值的方法

公司	斯伦贝谢	贝克	贝克（integer）
空值	−999.25	−9999.000	−32767

此外，不同的数据采集公司对同一信息的测量交付成果有时会有高达两个数量级的差别，这样的交付成果是不可接受的❶。还有一个令用户不安的是图形文件和数字文件不一致[1]。为了解决这个问题，图形文件（以前被称为打印）必须直接从交付的数字文件中得到，两者之间应完全一致。

第 14 章中提供了完整的交付列表，这是数据采集公司未来交付产品的参考。

20.2.2　无危险的商品化

数据采集公司往往以知识产权和竞争力来解释石油工业标准的缺乏，这样的解释缺乏有效性。在许多行业中，即使产品高度分化，它们的标准化也很高。比如大多数汽车有轮子、

---

❶　在一个特例中，交付给数据用户的成果，一家有 2 个索引数据道，而另一家有 170 个索引数据道。

离合器、液压缸等，在相同的条例限制下，法拉利可以卖到一个塔塔集团 NANO 汽车的 100 倍的价格❶。又如为压缩磁盘的标准化做出主要贡献的两个企业，索尼公司和飞利浦公司却是两个激烈的竞争对手。

20.3　测井工作者的誓言

现场工程师和他们的直接上司的重要性已在第 17 章中强调了。现场工程师往往能了解作业时任何异常事件的细节，这些信息应该被记录下来并且告知数据用户。然而由于现场工程师所处位置的特殊性，对利益冲突的顾虑干扰了他们正确报告作业时的异常事件。现场工程师和管理人员应宣誓遵守独立于所属公司的职业道德。

20.4　有待改进的数据库

不同公司之间的数据库往往有很大差别。当两个公司合并时，这种差别尤其明显，因此，有关数据库标准化也是保证高质量数据的前提。

对数据库作用的认识，数据库管理者和数据用户之间有很大的区别。数据库管理者把数据库看成是一种成本，他们希望数据越简单越好。然而，数据用户把它作为一种资产，希望数据库越完整越好[2]。另外，元数据的管理和获取是设计数据采集时的一个重要考虑因素。在这里，笔者想重复强调元数据是一切有意义数据的基础。这一点在其他行业（银行、保险公司、医院）已经得到证明。从长远来看，若没有足够的元数据，采集的数据是不能被有效利用的，最终会被删除。

20.5　文档

虽然数据产品是复杂的，但并没有多少相关的文档。数据采集公司将数据商业化时往往没有提供基本的文档信息。当一个新的测井仪器被商业化时，一些必要的文件，如质量控制参考手册[3,4]、环境校正图表和刻度标准，必须提供给用户。

20.6　有待提高的解释软件

目前的解释软件假定输入数据是完美的和精确的，这只是理想状态。未来的解释软件应允许输入测量的不确定度，以及如何通过解释过程将它们传播。这些解释软件绝对应该给予原始数据更高的重视。

20.7　旅程的开始

本章总结了追求高质量数据的路线图。地图只是一个工具，而如何采集和使用数据是我们的主要工作。这一充满挑战的工作需由数据采集公司和用户一起来完成。

---

❶　在 2010 年为 2200 美元。

参 考 文 献

[1] Storey, M., personal communication within the Oil Data Quality work group on Linkedin.

[2] Erpanet, Getting what you want, knowing what you have and keeping what you need. Metadata in digital preservation.

[3] Schlumberger, *Wireline Log quality Reference manual*, 1992.

[4] Schlumberger, *Anadrill Log quality Reference manual*, 1994.

[5] Terry, R., personal communication within the Oil Data Quality work group on Linkedin.

附　　录

附录1　对数据质量精通程度的定量测试

使用数据的油气公司和其他组织可以采用下面的检查表对数据采集公司进行评分。分数越高，表明数据采集公司对数据质量越精通。

1. 具体说明栏

（1）测量中有关于测量学的具体说明（即与测量相关，与仪器的操作条件无关）。

从1到7。1：无说明。7：所有测量均有说明。

（2）所有与测量有关的具体说明是否有定量化的文档？

从1到7。1：无。7：所有测量均有。

（3）有关所有测量的具体说明的应用条件是否细致？

从1到7。1：否。7：所有测量均有。

（4）是否列出测量对井况的敏感度？

从1到7。1：否。7：所有测量均有。

（5）是否有一份文件列出所有的环境校正？

从1到7。1：否。7：所有测量均有。

（6）是否有图版可用？

从1到7。1：无。7：所有测量均有图版。

（7）出版日期。

1：10年以上。7：少于两年。

（8）是否有详细介绍采集数据处理的流程图？

从1到7。1：无。7：所有测量均有。

2. 数据管理栏

（1）帮助数据查询的所有通道和参数是否交付给了客户？

从1到7。1：否。7：所有均交付。

（2）不含信息的通道是否从交付给客户的记录中删除？

从1到7。1：否。7：是。

（3）质量控制通道是否提供给了客户？

从1到7。1：否。7：是。

3. 测井设备栏

（1）仪器设计人员规定的辅助设备是否在现场总是可以找到？

从1到7。1：否。7：所有测量均可以。

（2）仪器设计人员规定的刻度设备是否在现场总是可以找到？

从1到7。1：否。7：所有测量均可以。

（3）刻度设备是否始终处于最佳状态？

从1到7. 1：否。7：是。

4．工作人员栏

（1）测井公司关于质量的定义是什么？

满足规定要求：7。

达到客户期望：2。

超过客户期望：1。

满足规定要求是对数据质量的正确定义。测井公司用此定义获得最高质量评级。

达到或超过客户期望是对服务活动的很好定义，但不是对数据质量的很好定义（详见6.4）。测井公司用此定义获得低的质量评级。

（2）是否有程序防止测井人员篡改测井数据？

是：7，否：1。

（3）本程序是否广为测井人员所知并充分贯彻执行？

是：7，否：1。

（4）是否有一个集中的方法来监测交付的数据的质量？

是：7，否：1。

（5）提供给管理阶层的最新平均质量分数是多少？

介于75和85：7，介于85和90：6，介于90和95：5，高于95：2，低于75：5。

根据笔者的经验，好的测井公司进行数据质量审核所给予的评分是不完美的。这就是为什么75和85之间的评分是最合理的，显示出测井公司数据质量审核工作做得好，找到自己产品的小毛病。非常高的评分（高于95）表明，审核不够彻底或者管理人员修改了评分，使其看上去好。

（6）审核小组审核产品的频率如何？

从不：1，每年：7。

附录2　交付的测井文件

附表2.1列出测井图的组成部分。

附表2.1　测井图的构成

序号	组成部分
1	图头
2	注释
3	测井时序
4	深度信息
5	仪器图
6	井图
7	井位勘测列表
8	参数列表
9	参数改变列表

序号	组成部分
10	刻度信息
11	主测井图
12	重复测井图
(13)	时间测井图
(14)	时间—深度转换图
15	质量控制测井曲线/图/图标
16	图尾
17	测井质量控制印章

注释：（1）括号中的项目适用于压力测试和随钻测井。

（2）主测井图始终是交付的。通常，相应的数字文件往往被加载进行地层评价。它常常是岩石物理学家唯一仔细分析的部分。

附录3　词汇

诚信政策：这是一个高层次的声明，意指即使是迫于管理阶层或石油公司的压力，数据不应该被任何人轻微变动，修改或"粉饰"。

操作说明：测井仪器工作的条件。例如温度、压力和井眼尺寸。

测量学说明：对测量值与实际值之间的差额定量化，并且定义测井仪器的探测范围。例如：准确度，精确度，探测深度，垂直分辨率。还应明确定义满足说明的条件。

刻度指南：任何未经刻度的测量只能是定性的。该指南介绍刻度器，刻度过程和频率。

校正图版：图版描述井眼环境的影响，以及如何补偿这些影响。以前的出版物经常误称之为解释图版。

参考手册：用户友好和简洁的文档，收集有为验证数据应当进行的检查。

可追溯性流程图：显示对于给定测量进行信号处理的不同步骤的图表。它也包括影响处理输出的参数和选项。流程图不需要对专有软件详细说明。

助记符词典：描述交付给用户的一套数据体中所有数据对象的字典。

质量印章：附在数据产品上的清单，表明它已被数据产生者并可能其主管检查过。

质量审核：对数据产品进行审计，并验证其质量印章确实反映了对数据产品的真实评价。记录这一过程的文件称为质量审核报告。

附录4　测量学定义

括号内的数字指的是参考文献。其他编号与所述文献的文章相关。定义可能源自不同的参考文献。

测量准确度（ISO100123.6，VIM3.05）

测量结果和被测量真值的接近程度。

注：

（1）准确度是一个定性化的概念。

166

（2）应避免使用"精确度"代表"准确度"。

误差（源自维基百科）

（1）观测误差是测量值和真值之间的差异。误差不是"错误"，因为变化是测量对象的内在属性。

（2）主要类型有系统误差和随机误差。

影响量（ISO10012，3.5）

影响量不是测量对象，但它影响测量值或测量仪器的指示。如环境温度、交流电压的频率。

被测量（ISO10012，3.4，VIM 2.09）

测量对象。

精确度（ISO4259，3.14）

应用实验程序在规定的条件下对相同的材料进行数次测量，所得结果之间的接近程度。实验误差的随机部分越小，测量越精确。

参考条件（ISO10012，3.13）

测量仪器进行规定的性能测试的使用条件，以保证测量结果之间的有效对比。

注：参考条件对于影响测量仪器的变量通常会指定"参考值"或"参考范围"。

可重复性（ISO4259，3.17）

（1）定性描述：在短时间内，相同测试条件下，采用同样方法，对相同测试材料，运用正确操作步骤，进行常规独立测试，所得的结果之间的接近程度（同一操作人，同样的设备，同一实验室）。

对表达有关整体测量结果分散程度的代表参数，冠以"可重复性"进行定性描述，如可重复性标准偏差，可重复性方差。

（2）定量值：在上述条件下获得的两次单独测试结果的绝对差值等于或小于可重复性值的概率预期在95%。

可重现性（ISO4259，3.19）

（1）定性描述：在不同测试条件下，采用同样方法，对相同测试材料，运用正确操作步骤，进行常规独立测试，所得的结果之间的接近程度（不同操作人，不同设备，不同实验室）。

对表达有关整体测量结果分散程度的代表参数，冠以"可重现性"进行定性描述，如可重现性标准偏差，可重现性方差。

（2）定量值：不同操作人，在不同实验室，采用标准测试方法，对相同测试材料进行两次单独测试，其结果的绝对差值等于或小于可重现性值的概率预期在95%。

指定的测量范围（ISO10012，3.12）

被测量的指定范围值，测量仪器的误差应落在此范围内。

真值（ISO4259，3.24）

为便于实用，定义为当 n 趋于无穷大时，n 次实验测试结果的平均值；因此，这样的真值与特定的测试方法有关。

注：ISO3534，统计学词汇和符号，给出与以上不同的更理想化的定义。

真值的其他定义（VIM，1.18）

被测量完全定义了的值。

注：

（1）这是完美测量获得的结果。

（2）真值是一个理想化的概念。

测量不确定度（ISO10012，3.7）

为了表征被测量的真值在给定的可能性下预期会存在的范围，所进行的评估的结果。

附录5　测井质量控制清单

附表5.1是一个详细清单示例，可用于审计交付的测井图。对任何类型的测井，可以建立类似的清单，进行详细分析。建议数据提供者和数据使用者采用同样的清单。

附表 5.1　测井质量控制清单（据斯伦贝谢公司）

类别	问题描述	质量严重度
图头	小毛病，拼写错误	1
	模版错误	5
	大错误：油田，客户名，见证人，测井名	2
测井事件摘要	没有，不完整，缺乏细节	5
注释	数据异常没有注释	2
	相关信息没有提及（如没有提到最高温度是如何测得的）	2
	误导的注释，拼写错误	1
总深度，最初与最终深度读数，套管鞋深度	未标注	1
仪器图	没有	5
	错误	2
	缺失仪器序列号	2
	与参数摘要不一致	5
井眼图	没有	5
	错误（应当只使用钻井深度）	2
测井曲线	没有标注	1
	曲线缺失（如密度校正曲线）	5
	曲线刻度、编码、区域不正确	2
格式	错误的对数刻度	5
	错误的垂直刻度	5
	错误的刻度线	2
参数摘要	错误的参数	5
	参数列表不全	5
	参数列表不正确：参数太多或太少	2
	参数分隔线没有/拼写错误	2
参数选择	不正确的选择	5
	重要参数设置成了缺省值	2

168

类别	问题描述	质量严重度
图纸打印	字体没有对齐，图纸折叠不当	2
	测井图组成部分次序不对	2
	印刷颜色太深，太浅，印墨不匀	2
深度	没有列出深度摘要	5
	校准器或电缆序列号错误	2
	电缆拉伸不真实	2
	测井深度与参考深度比较，深度差小于 1ft	2
	测井深度与参考深度比较，深度差大于 1ft	5
仪器定位	偏心距选择不当	5
	仪器定位不当（未能居中）	5
测井速度	不正确的选择（如高分辨率测井）	5
数字记录	没有验证列表	5
	文件号码与测井图显示的不匹配	2
	数据带/CD/DVD 标记不清楚/不完整	1
	数据道不全	5
重复测井部分	没有或太短（至少 200ft 或 70m）	5
	测井未按规定重复	2
	测井异常没有说明	5
在已知条件下的响应	适当的标记（如在套管中的响应检查）	1
	不理想地层的响应检查（如盐岩、硬石膏）	5
仪器不工作，测井异常	在实时测井中发现，进行了重复测井，并附说明	1
	未进行重复测井，但有说明	2
	未进行重复测井，也无说明	5
质量控制曲线	没有	5
	标明异常，但无说明	2
	标明异常，且有适当说明	1
刻度	没有，不完整，缺乏细节	5
	超出了误差限，刻度过期	5
测前校验/测后校验	超出了误差限，日期不对	2

附录6　密度测井不确定度的计算

第 13 章探讨了由数据采集公司提供的不确定度，请参阅 13 章关于以下数学公式中出现的各项的完整定义。

本附录中计算的不确定度不包括数据采集公司提供的不确定。密度测量没有相关的校正图版。因此也就没有来自图版的传播不确定度。

下面的影响需要考虑：

（1）井眼形状和尺寸引起的不确定度。

（2）钻井液或滤饼校正引起的不确定度（通常称为 $\Delta\rho$）。

（3）井眼不规则引起的不确定度。

井径引起的不确定度：

$\text{slope}_{\text{CALI}} = \left[1/\left(2s \right) \right] \left[\left(\text{CALI}_n - \text{CALI}_{n-1} \right) + \left(\text{CALI}_{n+1} - \text{CALI}_n \right) \right]$

如果 $\text{CALI} \leqslant 9\text{in}$，$\sigma_{\text{CALI}} = 0$

如果 $9\text{in} < \text{CALI} \leqslant 16\text{in}$，$\sigma_{\text{CALI}} = 0.002 \left(\text{CALI} - 9 \right)$

若 $\text{CALI} > 16\text{in}$ 且 $\text{slope}_{\text{CALI}} < 0.1$，$\sigma_{\text{CALI}} = \sqrt{0.1}$

若 $\text{CALI} > 16\text{in}$ 且 $\text{slope}_{\text{CALI}} > 0.1$，$\sigma_{\text{CALI}} = 0.002 \left(\text{CALI} - 9 \right)$

式中，$\text{slope}_{\text{CALI}}$ 为井径曲线的斜率；CALI_n 为第 n 层的井径；σ_{CALI} 为井径引起的不确定度；s 为采样率。

$\Delta\rho$ 引起的不确定度：

若 $\Delta\rho \geqslant 0$，$\sigma_{\Delta\rho} = 6\Delta\rho^2$

若 $\Delta\rho < 0$，且 $w_{\text{mud}} \leqslant 12\text{g/cm}^3$，$\sigma_{\Delta\rho} = 6\Delta\rho^2 + |\Delta\rho|$

式中，$\Delta\rho$ 为钻井液或滤饼引起的地层密度校正值；w_{mud} 为钻井液密度；$\sigma_{\Delta\rho}$ 为钻井液和滤饼导致的不确定度。

井壁粗糙度 H_r 引起的不确定度 $\sigma_{\text{hole rugosity}}$：

$H_r = \left(1/4 \times s^2 \right) \left[\left(\text{CALI}_{n-3} - 2\text{CALI}_{n-2} + \text{CALI}_{n-1} \right) + \left(\text{CALI}_{n-2} - 2\text{CALI}_{n-1} + \text{CALI}_n \right) + \right.$
$\left(\text{CALI}_{n-1} - 2\text{CALI}_n + \text{CALI}_{n+1} \right) + \left(\text{CALI}_n - 2\text{CALI}_{n+1} + \text{CALI}_{n+2} \right) +$
$\left. \left(\text{CALI}_{n+1} - 2\text{CALI}_{n+2} + \text{CALI}_{n+3} \right) \right]$

$\sigma_{\text{hole rugosity}} = 0.1 H_r^2$

密度测量的综合不确定度：

$$\sigma_\rho = \sqrt{\sigma_{\text{CALI}}{}^2 + \sigma_{\Delta\rho}{}^2 + \sigma_{\text{hole rugosity}}}$$

数值应用：

采集的数据为 2392.67~2364.78m。钻头尺寸是 12.25in。井壁不光滑。密度校正曲线显示有变化。采用上述算法对每个采样点计算了主要的不确定度，分为 σ_{CALI}、$\sigma_{\Delta\rho}$ 和 σ_{Hr}。每种不确定度的贡献示于最后一栏。

在第一层，井径的不确定度影响最大。主要影响以灰色阴影显示。

评注：

一旦算法经测试并确定后，很容易定量计算不确定度，只需要输入数据。用户欢迎收到采集的数据时也额外附有计算的不确定度。

附表 6.1　输入数据和不确定度的计算

深度 (m)	井径 (in)	密度 (g/cm³)	$\Delta\rho$	σ_{CALI}	$\sigma_{\Delta\rho}$	H_r	σ_{Hr}	σ_ρ	CALI (%)	$\Delta\rho$ (%)	Rugo (%)
2364.78	13.032	2.194	0.037								
2364.93	12.293	2.186	0.023								
2365.08	12.739	2.199	0.012	0.0075	0.0009						
2365.24	13.062	2.224	0.009	0.0081	0.0004	0.0469	0.0002	0.0081	99.6	0.3	0.1
2365.39	13.201	2.211	0.004	0.0084	0.0001	-0.0611	0.0004	0.0084	99.8	0.0	0.2
2365.54	13.397	2.195	0.006	0.0088	0.0002	-0.0442	0.0002	0.0088	99.9	0.1	0.0
2365.69	13.409	2.179	0.009	0.0088	0.0004	-0.0005	0.0000	0.0088	99.7	0.3	0.0
2365.85	12.878	2.182	0.009	0.0078	0.0005	-0.0060	0.0000	0.0078	99.6	0.4	0.0
2366.00	12.493	2.190	0.008	0.0070	0.0004	-0.0019	0.0000	0.0070	99.7	0.3	0.0
2366.15	12.624	2.196	0.013	0.0072	0.0010	0.0325	0.0001	0.0073	98.1	1.9	0.0
2391.75	12.724	2.207	0.078	0.0074	0.0362	0.0240	0.0001	0.0370	4.1	95.9	0.0
2391.91	12.705	2.209	0.083	0.0074	0.0410	0.0010	0.0000	0.0417	3.2	96.8	0.0
2392.06	12.693	2.206	0.083	0.0074	0.0416	-0.0024	0.0000	0.0423	3.1	96.9	0.0
2392.21	12.693	2.208	0.084	0.0074	0.0427	-0.0041	0.0000	0.0434	2.9	97.1	0.0
2392.36	12.839	2.212	0.082	0.0077	0.0404	-0.8003	0.0640	0.0761	1.0	28.2	70.8
2392.52	12.901	2.208	0.076	0.0078	0.0348						
2392.67	12.816	2.204	0.069	0.0076	0.0282						

注：三栏表示不确定度大小贡献的百分比。

附录7　对助记符的探索

寻找信息始于明白数据对象。第一步是识别数据对象的名称，并与它的定义和描述联系起来。石油行业使用"助记符"代表这些数据的名称。本附录给出一些线索，帮助找到主要数据服务公司的助记符。本附录中的信息可能会在很短时间内改变。最成功的方法是将数据服务公司的名称与"助记符"结合起来在互联网上搜索。

当前助记符格式的最大缺点是，用户需要预先知道数据对象的"助记符"，才能搜索它。若是一个人试图明白他的数据是否完整，这种格式无济于事。

贝克-INTEQ（Baker Inteq）公司：

http：//www. bakerhughesdirect. com/cgi/inteq/INTEQ/ServiceLib/DisplayInfo/serviceMnemonics. jsh？index=F

哈里伯顿（Halliburton）公司：

www. halliburton. com/ps/default. aspx？pageid=336

斯伦贝谢（Schlumberger）公司：

http：//www. apps. slb. com/cmd/

找到数据服务公司助记符的名称不容易，因为它们常常不与测井仪器名或商业名一致（附表7.1）。

附表 7.1　复杂的测量名称举例

测量	商业名	技术名	助记符
三维感应测井	Rt Scanner	?	ZAIT-BA
声波测井	Sonic Scanner	MSIP	MAST, MAPC, MAPC-A, MAPC-B
核磁共振测井	MRScanner	MRX	MRX

威德福（Weatherford）公司：

http：//www. weatherford. com/weatherford/groups/web/documents/weatherfordcorp/WFT100552. pdf